TURING À LA PLAGE

L'INTELLIGENCE ARTIFICIELLE DANS UN TRANSAT

RACHID GUERRAOUI • LÊ NGUYÊN HOANG

TURING À LA PLAGE

L'INTELLIGENCE ARTIFICIELLE DANS UN TRANSAT

DUNOD

À Anne.
Rachid Gerraoui

À ma grand-mère, Nhat Nguyên.
Lê Nguyên Hoang

Principe graphique de collection, conception et illustration de la couverture: Marie Sourd, Atelier AAAAA

Crédits typographiques: *A is for* (titraille) & *Carrara* © Hoftype (texte courant)

Illustrations de l'intérieur: Rachid Maraï

11 rue Paul Bert, 92240 Malakoff
www.dunod.com
ISBN 978-2-10-079555-0

PROLOGUE

TURING, UN GÉNIAL PRÉCURSEUR

Qui n'a jamais entendu parler d'Alan Turing, mathématicien et cryptologue britannique de génie ? Le film *Imitation Game,* sorti en salles en 2015 avec Benedict Cumberbatch à l'affiche, a contribué à le faire connaître auprès du grand public, en forçant quelque peu le trait sur son caractère torturé et solitaire. Le film retrace notamment le rôle déterminant joué par Turing pendant la Seconde Guerre mondiale : ce dernier a réussi à casser le code des machines Enigma – réputées inviolables – avec lesquelles l'armée allemande chiffrait ses communications.

Turing est également l'inventeur du fameux « test » qui met à l'épreuve la faculté d'une machine à discuter avec un être humain. Chaque année, la remise du prix Loebner place ainsi les bots conversationnels sous les feux des projecteurs. Si l'intérêt scientifique de ces compétitions paraît limité, le concept du test de Turing s'est largement diffusé dans la culture populaire ; il est régulièrement repris dans les œuvres de fiction faisant figurer des androïdes, comme le film de science-fiction *Ex Machina* (2015) ou encore la série télévisée *Westworld* (2016).

D'Alan Turing, on connaît aussi la fin tragique. En 1952, suite à la déclaration d'un cambriolage de son appartement à la police, il révèle avoir fourni ses clés à un ancien amant. Il se retrouve condamné pour pratiques indécentes en compagnie d'un autre homme, l'homosexualité étant alors criminalisée au Royaume-Uni (la loi, datant de 1885, ne fut abrogée qu'en 1967). Les autorités lui proposent un choix cornélien : la prison ou la castration chimique. Il choisit la seconde option. Les produits qu'on lui demande d'ingurgiter l'empêchent néanmoins de réfléchir correctement et nuisent à sa forme physique. Le 8 juin 1954, il est retrouvé mort dans son lit. Sur sa table de nuit trône un reste de pomme qui aurait été empoisonnée au cyanure… Une légende urbaine tenace voudrait d'ailleurs que le logo d'Apple, à la pomme croquée, soit un hommage à Alan Turing.

Icône gay, héros de la Seconde Guerre mondiale, génie torturé au destin brisé… Mais qui était vraiment Alan Turing ?

Alan Mathison Turing est né à Londres en 1912. Sa mère Sara, ancienne étudiante à la Sorbonne, est ingénieure. Son père, Lucius, est un haut fonctionnaire du gouvernement britannique. La famille Turing est aisée, mais

Alan grandit loin de ses parents, qui sont mutés en Inde et le laissent chez des amis en Angleterre. Sa mère racontera qu'au fur et à mesure de ses retours en Angleterre, elle retrouve un enfant de moins en moins social.

Alan Turing à l'âge de 16 ans.

Alan Turing passe une grande partie de son temps seul et lit beaucoup. Il a comme livre de chevet *Les merveilles de la nature que tout enfant devrait connaître*, un ouvrage dans lequel les organismes vivants sont représentés comme des machines. Cette lecture a sûrement imprégné sa vision du monde. Il aime contempler la nature. Ses anciens camarades ont rapporté qu'il pouvait s'arrêter en plein match de hockey pour observer des fleurs. Alan Turing est distrait et il le sait. Il est aussi d'une naïveté déconcertante, doublée d'une logique à toute épreuve. Lorsque sa mère lui demandait de promettre d'être sage, il répondait que certes il promettait, mais qu'il craignait d'oublier sa promesse. Sa rigueur logique le conduit aussi à refuser de signer sa carte d'identité, car il y est mentionné qu'il ne faut rien écrire dessus.

Alan Turing entre à l'internat du collège de Sherborne à 13 ans, en 1925. Le jour de sa rentrée coïncide avec une grande grève des chemins de fer. Il rejoint donc l'internat à vélo en couvrant une distance d'une centaine de kilomètres. Les journaux locaux rapportent l'exploit du jeune Turing, mais lui trouve cela normal ; on lui avait dit de ne pas rater le jour de la rentrée !

Ses années à Sherborne ne sont pas faciles. Son caractère distrait lui attire les moqueries de ses camarades. Son manque d'intérêt pour la religion et les matières littéraires agace nombre de ses professeurs. Certains demandent même son renvoi. Ses exploits scientifiques le sauvent néanmoins à chaque fois de l'expulsion. Pendant un cours de religion, il peut par exemple calculer des dizaines de décimales du nombre π.

C'est à cette époque qu'Alan Turing s'éprend de son camarade Christopher Morcom[1]. Mais ce dernier décédera quelques années plus tard, après avoir consommé du lait avarié. Turing admirait beaucoup l'esprit scientifique affûté de Christopher ; il sera profondément et durablement affecté par son décès.

En 1931, Turing est admis à l'université de Cambridge. Il a 21 ans. Il avait demandé à entrer au prestigieux

Trinity College, mais sera finalement admis au Kings College. Sa mauvaise réputation auprès de certains professeurs lui jouera encore des tours. Il obtient une bourse d'étude en prouvant le théorème fondamental de la limite centrale : la somme de variables aléatoires indépendantes tend toujours vers une loi normale[2]. Turing ignorait que ce résultat avait déjà été démontré quelque dix ans auparavant ; il est donc accusé de tricherie. Mais la démonstration de Turing est suffisamment originale pour que certains professeurs croient en sa sincérité et le défendent.

En 1936, Alan Turing écrit un article fondateur : « On Computable Numbers, with an Application to the *Entscheidungsproblem* ». Il y décrit une machine qui deviendra le modèle de nos ordinateurs, une machine universelle qui peut exécuter tous les algorithmes possibles et imaginables. Cette avancée le consacre comme le « père » de l'informatique moderne.

Alan Turing part ensuite finir son doctorat à l'université de Princeton aux États-Unis. John Von Neumann, autre figure emblématique de l'informatique, tente alors de recruter Alan Turing à Princeton ; mais la Seconde Guerre mondiale éclate. Turing retourne en Angleterre, où il rejoint le quartier général des services de renseignement britannique, à Bletchley Park, pour briser le système de cryptage de la machine Enigma. Turing est acharné au travail. Pour se délasser, il fait de la course à pied. Quand il est convoqué pour des réunions à Londres, il parcourt 75 kilomètres dans chaque sens. Sans une blessure qu'il se fait à une jambe, il se serait même qualifié pour l'épreuve du marathon aux Jeux olympiques ! Bien que la bataille de la Manche (1940-1941) ait sûrement été gagnée grâce aux travaux de cryptanalyse de Turing, ce dernier ne recevra aucune distinction officielle. Ses travaux restèrent longtemps classés secret-défense, de peur que d'autres puissances étrangères ne s'en saisissent.

Après 1945, Alan Turing reprend ses recherches sur les machines universelles. En 1950, il écrit son fameux article sur les machines qui pensent, « *Computing Machinery and Intelligence* ». En 1952, il écrit aussi un programme de jeux d'échecs. Il prédit que les machines battront les humains, ce qui arrivera quelques décennies plus tard. Turing travaille aussi sur la morphogénèse. Vers la fin de sa vie, il avancera des hypothèses fondamentales pour expliquer pourquoi les fleurs de tournesol et les écailles d'une pomme de pin prennent la disposition particulière que nous leur connaissons.

Bref, c'est ce destin exceptionnel que nous vous proposons de découvrir dans les pages qui suivent. L'héritage de Turing est extraordinairement fécond, et il est plus que jamais d'actualité. Dès 1936, puis en 1950, ce dernier a jeté les fondements de ce qu'on appelle désormais l'intelligence artificielle. Depuis une décennie, celle-ci bouleverse notre quotidien ; elle est en train de transformer en profondeur les modes de production, les habitudes de consommation, les processus de décision… Et pour mieux comprendre ce qu'est l'intelligence artificielle et imaginer l'ampleur de la révolution à venir, il est utile de revenir sur les pas de Turing.

CHAPITRE 1

AU CŒUR DE L'INTELLIGENCE ARTIFICIELLE

À quoi ressemblerait une machine douée d'intelligence artificielle ? Et de quoi serait-elle capable ? Pourrait-elle « penser » ? Pour répondre à ces questions, Alan Turing s'attacha d'abord à caractériser la nature des machines et à définir leurs capacités. Ce faisant, il en vint à formaliser la notion d'algorithme. À l'en croire, l'intelligence des machines réside nécessairement dans l'algorithme qu'elles exécutent.

Additionner 6 à 7 est facile : nous savons que le résultat vaut 13. Pas besoin de réfléchir. L'information est stockée quelque part dans notre cerveau. Nous l'avons enregistrée après l'avoir ânonnée sur les bancs de l'école. Et c'est le même constat pour l'addition de n'importe quelle paire de chiffres : nous connaissons le résultat car nous nous en souvenons.

Additionner les nombres 57 et 76 est un tout petit peu moins facile. Mais l'opération reste assez simple, même sans calculette. Voici la marche à suivre sur une feuille de papier. Tout d'abord, on place les deux nombres à additionner l'un au-dessus de l'autre. On additionne ensuite les chiffres les plus à droite (6 et 7). On écrit le dernier chiffre du résultat (3) sous la barre, en notant la retenue 1 à côté des deux chiffres de la colonne voisine, à gauche. On ajoute cette retenue aux deux chiffres à gauche (5 et 7). Enfin, on écrit le résultat en dessous (13) ; l'addition est terminée, le résultat obtenu est 133.

Nous venons d'exécuter un algorithme, c'est-à-dire une liste d'instructions élémentaires et d'opérations logiques.

$$\begin{array}{cccc} & & 1 & \\ & & 5 & 7 \\ + & & 7 & 6 \\ \hline & & & \mathbf{3} \end{array} \qquad \begin{array}{cccc} & 1 & 1 & \\ & & 5 & 7 \\ + & & 7 & 6 \\ \hline & & \mathbf{3} & \mathbf{3} \end{array} \qquad \begin{array}{cccc} & 1 & 1 & \\ & & 5 & 7 \\ + & & 7 & 6 \\ \hline & \mathbf{1} & \mathbf{3} & \mathbf{3} \end{array}$$

Qu'en est-il de la somme de 757 et 876 ? Et de la somme de 987 654 327 689 757 et 768 976 966 876 ? La tâche est à peine plus difficile. Il suffit d'exécuter le même algorithme que pour 57 et 76, c'est-à-dire de répéter les mêmes étapes élémentaires : (a) additionner les chiffres sur une colonne, (b) noter le résultat et la retenue, (c) se décaler à gauche. On poursuit le processus tant qu'il reste des chiffres à additionner.

Mais pourquoi cet algorithme d'addition fonctionne-t-il ? Pourquoi donne-t-il le bon résultat, même avec de grands nombres ? Nous nous posons rarement de telles questions. Nous nous contentons d'exécuter l'algorithme en suivant les instructions à la lettre, comme une recette de cuisine.

En particulier, cet algorithme d'addition nous est si familier que nous ne nous rendons pas nécessairement compte qu'il dépend du système de numération, c'est-à-dire de la façon de noter les nombres. Ce système de numération a d'ailleurs révolutionné l'histoire des mathématiques. Il s'agit du système de numération indo-arabe, aussi appelée « notation positionnelle décimale ». C'est cette notation qui permet l'astuce des retenues. C'est aussi cette notation qui réduit une addition de nombres à une répétition d'additions de chiffres. Si les nombres sont écrits en notation romaine, par exemple LVII et LXXVI pour 57 et 76, l'algorithme n'est pas applicable.

En fait, pendant longtemps, la capacité à effectuer les additions (et surtout les multiplications) de nombres était une compétence rare, réservée aux scribes, aux arpenteurs-géomètres et à quelques autres savants. Puis vint Algorithmi[3].

L'HOMME « ALGORITHMI »

Au VIIIe siècle, un mathématicien perse s'est penché sur les méthodes d'addition des nombres. Son but n'était pas seulement de réaliser lui-même des additions, mais de trouver une astuce pour que n'importe qui soit capable d'effectuer toutes sortes d'additions. Pour y arriver, il adopta la notation décimale proposée par des savants indiens. Celle-ci représente les nombres avec des chiffres de 0 à 9. Et de façon cruciale, elle accorde une importance particulière au placement de ces chiffres : la valeur d'un chiffre dépend de sa position. Comme vous le savez très bien, 109 et 910 représentent des nombres différents, même s'ils sont composés des mêmes chiffres.

Grâce à cette notation, l'algorithme d'addition devint facile à décrire et à exécuter. Il suffisait de savoir additionner des chiffres et de suivre méthodiquement les instructions de l'algorithme pour réussir à additionner de très grands nombres. Cet algorithme est si simple que, désormais, l'écrasante majorité des enfants le maîtrisent dès le plus jeune âge.

Portrait fictif du mathématicien perse Algorithmi.

Le mathématicien qui rendit le problème de l'addition facile s'appelait Al-Khwarizmi (env. 780-850) ; il est plus connu en Occident sous le nom d'Algorithmi. Le

Calife lui avait demandé, en tant que savant de la maison de la sagesse à Bagdad, d'instruire le peuple en imaginant des procédés qui mettraient la résolution de problèmes mathématiques à la portée de tous. Ce dernier ne se doutait certainement pas que le terme « tous » allait englober, quelques siècles plus tard, des machines qui pourraient aussi appliquer ces recettes et paraître intelligentes.

Algorithmi ne se contenta pas de l'addition : il inventa toute une collection de procédés et les rassembla dans un livre intitulé *Algèbre et Comparaison*, inaugurant du même coup une nouvelle branche des mathématiques consacrée aux nombres et aux équations. Son livre de recettes était le premier livre consacré aux algorithmes. Il contenait par exemple la multiplication basée sur la notation positionnelle décimale, que vous avez aussi apprise dès le plus jeune âge. Cet algorithme est un peu plus complexe que l'addition. D'une part, il nécessite la mémorisation d'une table de multiplications, d'autre part, il faut exécuter plusieurs opérations élémentaires. Nous y reviendrons dans le chapitre suivant.

Ce livre exposait aussi une méthode simple aujourd'hui enseignée au lycée pour résoudre toute équation du second degré. Encore une fois, et contrairement à d'autres, Algorithmi ne chercha pas seulement à trouver les solutions d'une équation donnée. Tous les mathématiciens en étaient déjà capables. Ils s'appuyaient sur ce que l'on appelle les « identités remarquables », c'est-à-dire des égalités qui permettent de modifier l'écriture des équations par des factorisations et des développements successifs. Cependant, la manipulation de ces identités remarquables s'avère parfois compliquée, surtout avant l'arrivée de l'algèbre d'Algorithmi.

Le génie d'Algorithmi fut de réfléchir à une recette systématique. Avec cette recette, il suffit d'exécuter quelques opérations arithmétiques simples, à savoir trois multiplications et une soustraction, pour calculer un premier nombre, le fameux « discriminant ». Sa valeur fournit des informations précieuses sur le nombre de solutions de l'équation. On exprime ensuite très facilement les solutions à partir de ce discriminant.

On n'appela toutefois pas ces recettes des « algorithmes » tout de suite. Il fallut attendre deux cents ans pour qu'un moine anglais du XIIe siècle, Adelard de Bath, suggère d'utiliser le nom latinisé du mathématicien perse pour nommer les procédés de calculs « algorithmes ».

Avec ces algorithmes, quiconque peut paraître « intelligent ». Il suffit d'effectuer les calculs exigés par l'algorithme. Et de façon étrange, il n'est pas nécessaire de comprendre pourquoi l'algorithme fonctionne, ni de comprendre ce que nous faisons pour paraître intelligent.

Si Algorithmi fut vraisemblablement le premier à réunir dans un livre un ensemble d'algorithmes, et à les décrire dans un langage unifié, il ne fut pas le premier à en imaginer. Les algorithmes existent depuis que des humains ont eu l'idée de concevoir des recettes permettant de résoudre des problèmes compliqués à partir d'étapes élémentaires simples.

Plus de 3 000 ans avant notre ère, par exemple, les bergers du Croissant fertile appliquaient déjà un algorithme pour vérifier qu'ils n'avaient perdu aucun mouton suite à un déplacement du troupeau. Au moment du départ, à chaque fois qu'un mouton quittait l'enclos, le berger déposait un caillou dans un récipient initialement vide. À l'arrivée, à chaque fois qu'un mouton entrait dans l'enclos, le berger retirait un caillou du récipient. Une fois que la totalité du troupeau s'était massée dans l'enclos, le nombre de cailloux qui demeuraient dans le récipient correspondait au nombre de moutons perdus. En un sens, le récipient et ses cailloux servaient ainsi de machine à calculer. D'ailleurs, le mot latin « *calculus* », qui signifie « caillou », donnera plus tard le terme « calcul », l'unité élémentaire d'exécution d'un algorithme.

L'exécution d'un algorithme n'est ainsi qu'une succession de calculs aussi simples qu'ajouter ou retirer un caillou d'un récipient.

Plus tard, dans l'Antiquité, le mathématicien grec Euclide (actif autour de 300 avant notre ère) décrivit par exemple un algorithme permettant de trouver le plus grand diviseur commun entre deux entiers. Son algorithme très simple se contentait de répéter des divisions dites « euclidiennes », où l'on met en valeur le quotient et le reste. Les historiens ont également rapporté des exemples d'algorithmes chez les Babyloniens, ainsi que dans les anciennes civilisations égyptiennes, indiennes et chinoises – c'est le cas par exemple de l'utilisation d'un triangle de côtés 3, 4 et 5 pour tracer un angle droit.

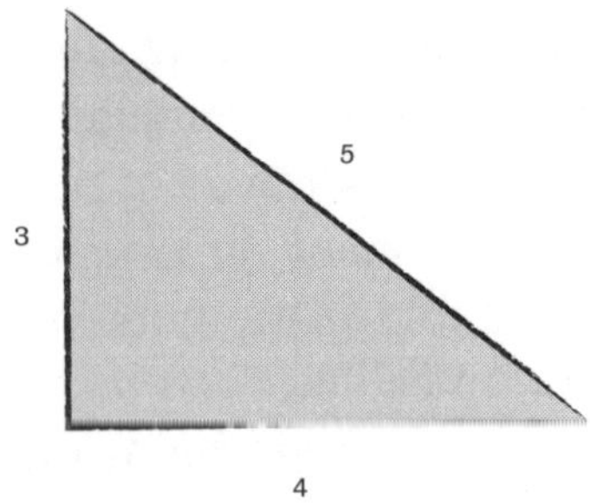

Certains algorithmes sont devenus des célébrités de l'histoire des mathématiques, comme l'algorithme d'Archimède qui fournit des approximations de plus en plus précises du nombre π à l'aide de polygones encadrant un cercle. Ceux qui ont vu le film *Jean de Florette* de Claude Berri se souviennent peut-être de l'algorithme de Fibonacci, expliqué par le bossu à sa fille Manon (des sources), qui calcule l'accroissement d'une population de lapins au fil des mois.

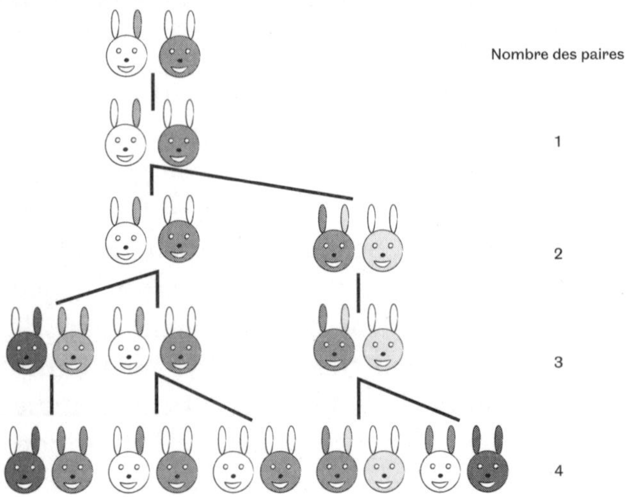

Tous ces algorithmes ont été conçus par des humains, pour des humains. Mais la nature n'est pas en reste et semble aussi avoir conçu des algorithmes ; nous en parlerons dans le chapitre 7 de ce livre. Ceux qui nous intéressent vraiment ici, bien entendu, sont les algorithmes qui font fonctionner des machines.

DES MACHINES ET DES ALGORITHMES

La caractéristique principale des algorithmes est qu'ils peuvent être exécutés par n'importe qui, sans aucune compétence mathématique, car il suffit de les appliquer machinalement. Il n'est donc pas surprenant que certains savants aient pensé à les faire exécuter... par des machines.

En 1640, Blaise Pascal (1623-1662) inventa une machine à calculer, sa fameuse Pascaline, afin d'aider son père comptable, Étienne Pascal, qu'il voyait s'échiner tous les soirs à faire des calculs répétitifs dans ses registres. La Pascaline fut conçue pour exécuter les algorithmes d'addition, sans erreur et sans se fatiguer, à l'aide d'un ingénieux système de roues numérotées de 0 à 9, entraînées par des rouages et des cliquets. En 1968, le savant allemand Gottfried Leibniz (1646-1716) s'inspira de la Pascaline pour construire ce qu'il appela « Replica », une machine à calculer des multiplications, dont le mécanisme exploitait un cylindre muni de neuf dents.

Une Pascaline, datée de 1652, conservée au Musée des arts et métiers (Paris).

En un sens, ces machines à calculer étaient intelligentes. En tout cas, elles paraissaient aussi intelligentes qu'un humain paraît intelligent lorsqu'il exécute un algorithme d'addition ou de multiplication. Toutefois, les machines de Pascal et de Leibniz étaient limitées. Certes elles parvenaient à exécuter des algorithmes, mais elles n'en exécutaient qu'un seul chacune. L'algorithme était comme « soudé » à la machine, dans la configuration particulière de ses mécanismes. En cela, ces machines étaient loin d'égaler les êtres humains qui sont capables d'apprendre plusieurs algorithmes et de les exécuter à la demande.

Deux siècles après Blaise Pascal, l'inventeur britannique Charles Babbage (1791-1871) dessina les plans d'une machine plus ambitieuse : l'Engin Analytique. Son Engin Analytique était conçu pour automatiser de nombreux calculs numériques. Le principe initial généralisait le mécanisme d'addition de Pascal en l'appliquant à plusieurs nombres en même temps. Babbage cherchait ainsi à pouvoir exprimer différents calculs. Mais le fonctionnement de son Engin Analytique était très complexe.

> « Les humains devraient faire 0 % du travail difficile et ennuyeux, les ordinateurs devraient faire le reste. »
>
> Jurgen Schmidhuber, 2016

C'est en cherchant à clarifier ce fonctionnement que la brillante Ada Lovelace (1815-1852) en vint à l'idée révolutionnaire de « programmer » les machines à calculer. Elle envisagea alors le fait qu'une même machine puisse être programmée pour de multiples fonctions : qu'elle puisse apprendre et exécuter plusieurs algorithmes, mimant ainsi les capacités d'apprentissage des humains.

L'Engin Analytique de Babbage.

Ada rédigea alors les premiers programmes qui devaient être insérés dans la machine sous forme de cartes perforées, comme pour les métiers à tisser de Jacquard. Elle envisagea même la possibilité que la machine effectue des traitements d'information dépassant les calculs mathématiques, comme jouer de la musique. Ada avait mieux compris le potentiel de l'Engin Analytique que son propre concepteur ; elle était devenue une pionnière de la science informatique.

Daguerréotype d'Ada Lovelace, vers 1843.

Malheureusement, Ada mourut très jeune, avant de voir ses programmes exécutés. La machine de Babbage fut par ailleurs jugée trop complexe pour être construite. L'Engin Analytique fut abandonné.

LA DRÔLE DE MACHINE À ÉCRIRE DE TURING

Le rêve de créer une machine qui, comme l'être humain, serait capable d'apprendre des algorithmes et de les exécuter à la demande, fut réalisé en 1936. Le génie qui fut à l'origine d'une telle machine n'est autre que le héros de ce livre, le génialissime Alan Turing.

La machine abstraite qu'imagina Turing ressemble, à première vue, à une machine à écrire sur un ruban. Mais cette machine à écrire est assez particulière : elle n'écrit pas le symbole tapé par un opérateur humain. En fait, la machine n'a pas d'opérateur humain – et donc pas de clavier. Elle « décide » elle-même quel symbole taper.

Mais ce n'est pas tout. La machine décide elle-même s'il faut poursuivre l'écriture sur le ruban ou revenir en arrière. Et surtout, la machine le décide en fonction de son état interne et du symbole qu'elle est en train de lire. Les décisions de la machine reposent en fait sur une « table de transitions » câblée dans la machine. C'est cette table de transitions qui dicte à la machine les comportements à adopter et les modifications à opérer sur son état interne selon les différents cas possibles.

Pour mieux comprendre cette machine, Turing propose de faire l'analogie avec un mathématicien gribouillant des calculs sur un brouillon (le ruban de la machine). Le mathématicien a quelque chose en tête. Il va ensuite écrire des symboles sur sa feuille. Chaque symbole modifie alors ce qu'il a en tête. Il va peut-être revenir en arrière et se relire. Mais tandis que le mathématicien se relit, l'état

> « Les machines sont conçues pour effectuer toutes les opérations qui pourraient être effectuées par un calculateur humain. »
>
> Alan Turing, 1950

interne de son cerveau va potentiellement se modifier. Ce qui va peut-être l'amener à gommer ce qu'il a écrit pour remplacer les symboles par d'autres symboles.

Un tel mathématicien ferait ainsi de constants allers-retours sur son brouillon, en écrivant et réécrivant les symboles déjà notés tandis que l'état interne de son cerveau se modifierait ; et il déciderait à chaque fois s'il lui est préférable d'avancer ou de revenir en arrière. Ou s'il en a fini avec ses calculs.

Toutefois, à la différence du mathématicien, toutes les décisions de la machine sont prédéterminées par le câblage de la machine, sa table de transition.

UNE MACHINE DE TURING À L'ŒUVRE…

Pour mieux comprendre le fonctionnement de la machine de Turing, considérons l'exemple illustré par la figure ci-dessous. La machine possède quatre états internes possibles : *a, b, c* et *d*. Elle peut lire et écrire deux types de symboles uniquement : *0* et *1*. En pratique, nos machines ont en effet deux symboles. Mais à l'instar d'un cerveau humain, elles disposent en fait d'un grand nombre d'états internes possibles.

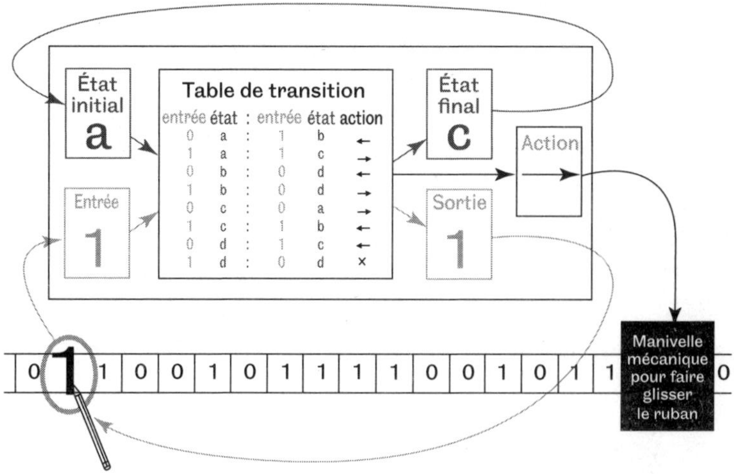

Représentation schématique d'une machine de Turing.

Cette machine est composée d'un opérateur et d'un long ruban. À chaque instant, l'opérateur lit un symbole du ruban, puis note ce symbole dans sa mémoire. En fonction de ce symbole et de son état interne, l'opérateur analyse sa table de transition, qui lui permet de calculer un état final, un symbole à écrire et une action. L'état final est copié à la place de l'état initial, le symbole à écrire est écrit à la place du symbole lu, et l'action correspond à un décalage du ruban ou à une terminaison du calcul.

Imaginons que l'état interne de la machine est actuellement l'état *a*, et qu'elle lit le symbole *1*. Pour déterminer dans quel état final atterrir, quel symbole taper et quelle action entreprendre, la machine doit alors consulter sa table de transition.

Dans les machines modernes, cette table de transition est câblée à l'aide de circuits électroniques et de transistors. Cependant, il n'est pas utile pour nous d'entrer dans ces détails pour l'instant. Pour comprendre ce que fait la machine de Turing, il nous suffit de garder en tête qu'une table de transition est précâblée.

Dans notre cas, la seconde ligne de la table de transition dit que si le symbole lu est 1 et si l'état initial est *a*, alors la machine doit écrire le symbole 1, passer à l'état *c* et effectuer l'action →. Par conséquent, la machine va écrire le symbole 1 à la place du symbole 1 lu (ce qui ne change pas l'état du ruban). Puis elle va basculer de l'état *a* à l'état *c*. Enfin, elle va déplacer le ruban d'un cran vers la droite.

En regardant la figure, vous devriez pouvoir vous convaincre que la machine va maintenant lire le symbole 0. Sachant qu'elle sera désormais dans l'état initial *c*, il lui faudra lire la cinquième ligne de sa table de transition.

Il existe une action un peu particulière, qui correspond au symbole ×. Cette action consiste à arrêter le calcul. Si cette action est déclenchée, alors la machine terminera. L'état du ruban sera alors le résultat du calcul de la machine de Turing.

À défaut de comprendre en profondeur le fonctionnement de cette machine, il n'est pas trop difficile de se convaincre qu'il est purement mécanique. La machine décide, toute seule, et de manière entièrement prédéfinie, ce qu'elle va écrire et dans quel ordre. Ou presque.

En effet, il reste un élément que l'humain peut contrôler : le contenu préalable du ruban. Et comme nous allons le voir, c'est ici que réside toute la puissance de la machine de Turing. Car en choisissant quel code initial écrire sur le ruban, l'humain peut alors programmer la machine.

LA PROGRAMMATION DES MACHINES DE TURING

En un sens, la table de transition d'une machine de Turing *M* est l'algorithme exécuté par la machine *M*. On pourrait alors croire que, dès lors, l'algorithme exécuté par la machine *M* est nécessairement « soudé » à la machine. Ce serait embêtant, puisqu'une telle machine ne semblerait pas programmable.

Cependant, le génie de Turing fut de démontrer que toute table de transition d'une machine *M* pouvait être décrite sur le ruban d'une autre machine *U*. Plus précisément, Turing a démontré l'existence de certaines machines de Turing *U*, dites « universelles », capables d'exécuter la table de transition de toute autre machine de Turing *M*, pourvu que les détails de la machine *M* soient décrits à la machine universelle *U*. Pour cela, il suffit grosso modo de décrire la table de transition de la machine *M* sur le ruban initial de la machine *U*. Munie de la description de *M*, la machine *U* peut alors exécuter l'algorithme qu'exécute la machine *M*.

Pour comprendre ce phénomène étrange, on peut revenir sur l'analogie entre une machine de Turing et un mathématicien : le mathématicien peut bel et bien exécuter n'importe quel algorithme, pourvu que, sur son brouillon, on lui fournisse les détails de l'algorithme qu'il doit exécuter. Muni d'une description de l'algorithme exécuté par la machine *M*, le mathématicien peut alors l'exécuter à son tour. Turing a démontré qu'il en va de même si l'on remplace le mathématicien par une machine universelle *U*.

De façon cruciale, en inscrivant l'algorithme sur le ruban, l'algorithme devient une donnée de la machine. L'algorithme n'est plus soudé à la machine, comme l'était l'addition dans la machine de Pascal ou la multiplication dans celle de Leibniz. Ce qui est soudé à la machine de Turing, c'est une sorte de méta-algorithme dont la principale tâche est d'exécuter n'importe quel algorithme.

Ce principe fondamental a ouvert la voie à la distinction entre le logiciel et le matériel (*software* et *hardware* en anglais), qui est le premier pilier de l'informatique. Il permet aux utilisateurs de télécharger, installer et exécuter des applications sur un même téléphone. Le logiciel est indépendant du matériel.

Une science est née: l'algorithmique. Les chercheurs en algorithmique peuvent raisonner de manière abstraite sur les algorithmes et leurs propriétés, sans avoir à se préoccuper de la physique des machines qui exécuteront ces algorithmes. L'algorithme de l'addition pourra être exécuté tel quel, qu'il soit appliqué par un humain, par un téléphone ou par un supercalculateur.

L'UNIVERSALITÉ DE TURING

Dans son article de 1936, Alan Turing avança l'idée que tous les algorithmes possibles et imaginables pouvaient être représentés par des tables de transition, c'est-à-dire qu'ils peuvent être exécutés par une machine de Turing, ou par une machine de Turing universelle dotée d'une description préalable de la table de transition. Une machine de Turing universelle serait donc vraiment universelle : non seulement cette machine universelle serait capable d'exécuter toutes les tables de transition imaginables, mais aussi et surtout tous les algorithmes – y compris ceux non décrits via la table de transition d'une machine de Turing !

Ce postulat est la thèse de Church-Turing, du nom du mathématicien américain Alonzo Church (1903-1995) qui fut le directeur de thèse de Turing, et qui a également travaillé sur des fondements de l'algorithmique. Cette thèse est encore ouverte. Autrement dit, il s'agit d'une hypothèse qui n'a jamais été prouvée ni réfutée. Voilà qui est remarquable, sachant que des milliers de milliards d'euros sont investis dans la quête de machines à calculer toujours plus puissantes ! La thèse de Church-Turing semble donc plus solide encore que des lois physiques très bien établies comme la mécanique quantique ou la relativité générale.

La thèse de Church-Turing, combinée à l'universalité de la machine de Turing, forme le deuxième pilier de l'informatique. Ces notions peuvent paraître purement théoriques. Mais ceci est loin d'être le cas. Après tout, elles sont ce qui nous amène à la conclusion que nos machines modernes ne pourront pas être radicalement améliorées. Toutes ne seront tout au plus «que» des machines de Turing.

En pratique, en effet, tous les ordinateurs développés depuis Turing se ressemblent. Même s'ils ont l'air différent, et même s'ils n'ont pas les mêmes capacités de mémoire, ni les mêmes vitesses de calcul, tous nos ordinateurs, des téléphones intelligents aux supercalculateurs de Google, sont conçus suivant le modèle de la machine de Turing. Tous peuvent exécuter les mêmes algorithmes. Et à en croire la thèse de Church-Turing, tous peuvent exécuter tous les algorithmes.

AU CŒUR DE GOOGLE ET FACEBOOK : DES ALGORITHMES

L'article fondateur d'Alan Turing ne bouleversa pas notre monde tout de suite. Cependant, petit à petit, les physiciens et les ingénieurs parvinrent à concevoir des machines de Turing de plus en plus rapides, et avec des espaces mémoire de plus en plus importants. L'âge du numérique était né. Et il bouleversa nos sociétés de manière spectaculaire, en s'appuyant pourtant parfois sur des algorithmes remarquablement simples.

Prenons l'exemple de *PageRank*. Cet algorithme fut inventé en 1996 par les informaticiens américains Sergey Brin et Larry Page, dans le cadre de leurs projets d'études à Stanford. Dans la foulée, en 1998, les deux hommes créèrent leur entreprise pour exploiter le potentiel commercial de leur algorithme. Ils appelèrent cette entreprise Google, en s'inspirant du terme mathématique googol. Un googol est égal à 10 puissance 100, soit un 1 suivi de 100 zéros. Ainsi, le choix du nom Google soulignait l'objectif démesuré des fondateurs : créer la bibliothèque d'Alexandrie du futur pour organiser toute l'information du web.

Mais comment organiser le web ? L'idée sur laquelle repose *PageRank* consiste à calculer un score de popularité pour chaque page web. Ces scores *PageRank* servent ensuite à déterminer les pages qu'il s'agit de recommander à l'utilisateur effectuant une recherche.

Le moteur de recherche résout l'ambiguïté du langage de la même façon. Lorsque l'on fait la recherche « Michael Jordan », Google nous retourne en premier des pages qui parlent du basketteur. Et pourtant des milliers de personnes portent ce nom, y compris un expert mondial en informatique ! Mais selon les calculs de *PageRank*, les pages dédiées au basketteur ont le meilleur score, et Google nous les recommande donc.

Pour parvenir à cette conclusion, *PageRank* s'appuie sur les liens entre les pages web. En effet, une page web contient souvent des liens vers d'autres pages : on dit qu'elle pointe vers ces pages. Plus les liens qui pointent vers une page sont nombreux, plus *PageRank* lui attribue un score élevé. Mais ce n'est pas tout. Quand un score élevé est attribué à une page A, et que celle-ci pointe vers une autre page B, alors la page B hérite du grand score de la page A. Tout se passe comme s'il existait deux façons d'être populaire : soit être recommandé par un très grand nombre d'individus « normaux », soit être recommandé par un petit nombre d'individus très populaires. C'est ce principe qui amène *PageRank* à conclure que, sur Internet, Michael Jordan le basketteur est plus populaire que Michael Jordan l'expert en informatique.

Aujourd'hui, le succès de nombreuses entreprises de services repose sur la capacité des algorithmes à faire des recommandations pertinentes, que ce soit la suggestion d'amis sur le réseau social Facebook, la mise en avant de certains films sur Netflix, ou encore le conseil de produits sur Amazon... Dans tous les cas, la force des algorithmes réside dans l'énorme quantité de données qu'ils traitent et dans la puissance des supercalculateurs dont ils disposent.

Comment Facebook choisit ce qu'on y voit

Prenons comme autre exemple l'algorithme *EdgeRank*, qui a été mis en place en 2007 sur le fil d'actualités de Facebook avant d'être abandonné. Le problème à résoudre est de classer les annonces informatiques partagées par des utilisateurs A et B, et de décider lesquelles vont apparaître dans le fil d'actualités de leur ami commun C. Une sélection est nécessaire, car le nombre de communiqués partagés sur Facebook est considérable. À l'ouverture de son fil d'actualités, un utilisateur moyen se verrait noyé par les milliers de messages partagés par ses amis virtuels. Par ailleurs, le choix est crucial pour Facebook, car l'entreprise a tout intérêt à encourager C à rester sur le réseau en lui présentant les communiqués les plus intéressants pour lui.

Comme *PageRank*, *EdgeRank* calcule des scores pour chaque communiqué. Cette fois-ci, le score d'un communiqué M dépend de l'émetteur A, du récepteur C et de la relation entre A et C. Grosso modo, *EdgeRank* l'obtient en multipliant quelque chose comme le nombre de messages envoyés par C à A et le nombre de réactions de C aux communiqués de A dans le passé. Puis l'algorithme divise son résultat par quelque chose comme l'ancienneté du message M. Ainsi, plus C a aimé des communiqués postés par A ou a interagi avec lui, et plus le score de M est élevé. À l'inverse, plus M est ancien, plus son score diminue.

LES ALGORITHMES AUTO-APPRENANTS

De nombreuses prouesses récentes des algorithmes se sont appuyées sur ce que l'on appelle l'« apprentissage automatique ». Cette approche qui révolutionne les industries modernes n'est pas nouvelle. Dès 1950, dans un article dont nous reparlerons à plusieurs reprises dans ce livre, Turing avait imaginé des algorithmes qui se comporteraient comme des enfants. Au début, ils ne sauraient pas grand-chose. Mais petit à petit, ils apprendraient de leurs expériences, s'amélioreraient et résoudraient des problèmes de plus en plus nombreux.

Au cours de la dernière décennie, ces algorithmes auto-apprenants sont devenus très impressionnants, et leur capacité à mimer l'apprentissage d'un être humain a fait couler beaucoup d'encre. Certains spécialistes restreignent le terme « intelligence artificielle », ou IA, à cette classe d'algorithmes, voire à des sous-classes spécifiques d'algorithmes auto-apprenants.

Il y a quelques décennies, on désignait couramment par « IA » une autre classe d'algorithmes : les systèmes experts. Ces systèmes experts ont connu de nombreux succès dans divers domaines. Dans les années 1970, ils furent appliqués en chimie pour identifier les composants d'un matériau. Dans les années 1980, on les trouvait en médecine pour diagnostiquer les maladies du sang. Puis, dans les années 1990, la conduite des hauts-fourneaux s'appuya dessus. À chaque fois, le principe est le suivant : un expert humain établit les conditions qui doivent être réunies pour reconnaître tel composant chimique, telle maladie, ou alors pour prendre la décision d'allumer ou d'éteindre un fourneau. Et c'est le résultat de la mise en œuvre informatique de ce principe que l'on appelle un « système expert ».

Un système expert peut être vu comme un algorithme englobant des règles et des faits. Les règles sont de la forme « Si A alors B ». Les faits sont de la forme « A est vrai » ou « B est faux ». L'algorithme cherche ensuite à déduire de nouveaux faits à partir de faits déjà établis et de règles qui lui ont été fournies. Typiquement, si « A est vrai » est un fait et si « Si A alors B » est une règle, alors l'algorithme rajoutera « B est vrai » dans sa liste de faits. Ensuite, si l'algorithme est doté de la règle « Si B alors C », sachant que désormais « B est vrai » est un fait, l'algorithme rajoutera alors le fait « C'est vrai ». Plus il y a de règles et de faits, et plus l'algorithme sera capable de déduire des faits. Plus on lui fournit de données et plus l'algorithme devient puissant, car il peut générer de nouveaux faits. Il faut souligner ici la différence avec un algorithme d'addition, qui ne s'améliore pas quand on lui soumet de nombreux calculs. Un système expert, au contraire, s'améliore au fur et à mesure qu'on lui transmet des données. Il apprend de nouvelles choses qu'il pourra utiliser par la suite.

Dans la pratique, les règles fournies aux algorithmes sont plus complexes que « Si A alors B ».

D'une part, le fait « A » est en général la composition de plusieurs faits. Pour pouvoir conclure à une probable maladie de la peau à partir d'un cliché, par exemple, il faut avoir observé qu'un grain de beauté est d'une certaine couleur, d'une certaine forme et qu'il a évolué d'une certaine manière. Ainsi, les règles sont plutôt de la forme « Si A1 et A2 et A3, alors B ».

D'autre part, l'algorithme ne raisonne pas en tout ou rien sur la vérité d'un fait. Il lui attribue plutôt une probabilité. Une règle d'un système expert prend alors la forme : « Si A1 a une probabilité p1, si A2 a une probabilité p2 et si A3 a une probabilité p3, alors la probabilité de B est p ». Pour le système expert, toute la difficulté réside alors dans le calcul de p en fonction de p1, p2 et p3.

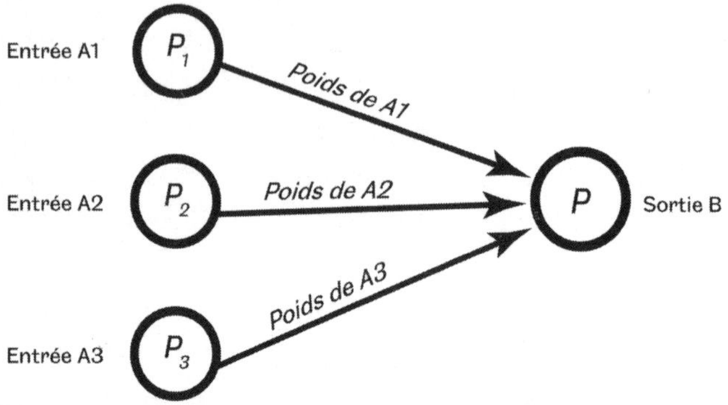

Représentation d'un raisonnement probabiliste : si A1, A2 et A3 sont suffisamment probables, et si leur vérité augmente beaucoup la probabilité de B, alors on pourra conclure que B est également probable.

Pour déterminer la relation entre ces quantités, les systèmes experts s'appuyaient sur l'expertise humaine. Par exemple, des experts humains pouvaient affirmer que A1 n'a en fait que peu d'importance, tandis que A2 et A3 vont être critiques pour déterminer B. On dit alors que le poids de A1 est faible, tandis que les poids de A2 et de A3 sont élevés. C'est en exploitant ainsi les connaissances des experts que les systèmes experts espéraient devenir intelligents.

Les algorithmes d'apprentissage automatique ressemblent peu ou prou à des systèmes experts. Cependant, contrairement à ces derniers, les poids sont déduits directement à partir des données, et ne sont plus dictés par des experts humains. C'est en ce sens que l'apprentissage automatique est auto-apprenant. Il n'est plus la formalisation d'une expertise humaine.

Pour déterminer si B est vrai ou faux, un algorithme auto-apprenant va s'appuyer sur un très grand nombre d'exemples où les valeurs de A1, A2, A3 et B lui sont fournies. On parle de données d'entraînement, avec des caractéristiques A et des étiquettes B. Par exemple, les caractéristiques pourraient être A1 = « le patient tousse beaucoup », A2 = « le patient a de la fièvre » et A3 = « le patient a mal à la tête », tandis que l'étiquette pourrait être B = « le patient a la grippe ».

En s'appuyant sur l'exemple de nombreux patients pour lesquels on connaît les valeurs des caractéristiques et des étiquettes, l'algorithme auto-apprenant va alors chercher une façon de combiner les valeurs des différentes caractéristiques A pour deviner l'étiquette B. Concrètement, il va chercher à calculer les poids à assigner à A1, A2 et A3 pour que ces poids expliquent bien les étiquettes des données d'entraînement.

Cette phase est appelée « phase d'apprentissage » de l'algorithme. Une fois cette phase terminée, l'algorithme passe en phase de déploiement. Les poids sont déterminés et l'algorithme a alors « appris ». L'algorithme peut alors effectuer des prédictions pour de nouvelles données dont on connaît les caractéristiques, mais auxquelles aucune étiquette n'a encore été attribuée. Dans le cas médical par exemple, il s'agira de prédire un état de santé B à partir d'observations A1, A2 et A3.

De tels algorithmes auto-apprenants peuvent être représentés graphiquement ; dans le cas précédent, on dessine des flèches qui partent de A1, A2 et A3 vers une unité de calcul, et une flèche qui sort de l'unité de calcul pour fournir la prédiction sur B. Cette représentation graphique ressemble alors à un ensemble de quatre neurones, reliés via des connexions appelées synapses.

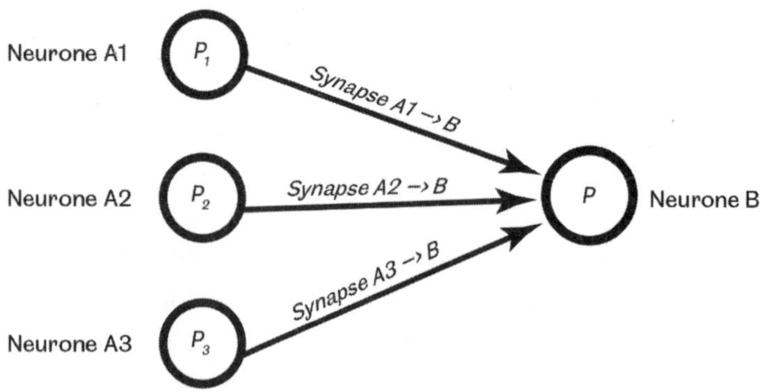

Dans le langage des réseaux de neurones, les faits correspondent à des neurones, et les implications correspondent à des synapses.

Les algorithmes auto-apprenants les plus performants d'aujourd'hui s'obtiennent en combinant un grand nombre de neurones et de synapses pour former tout un réseau. On parle de « réseaux de neurones artificiels », car leur architecture est inspirée de celle du cerveau humain.

Dans un tel réseau, chaque fait peut être vu comme un signal calculé par le neurone à partir des signaux qui lui ont été transmis par les neurones voisins. La communication de ces faits peut être vue comme le transport d'information à travers des synapses reliant les neurones. Le poids des faits correspond alors à l'effet d'amplification ou d'atténuation d'un signal par une synapse.

La superposition de dizaines, de centaines, voire parfois de milliers de couches de neurones constitue ce que l'on appelle un « réseau de neurones profonds ». L'apprentissage de ces structures, c'est-à-dire l'ajustement des poids des synapses à l'aide de données d'entraînement, est ce qu'on appelle l'« apprentissage profond », ou « *deep learning* » en anglais. Ce sont les algorithmes obtenus par l'apprentissage profond qui sont au cœur de la révolution actuelle de l'IA.

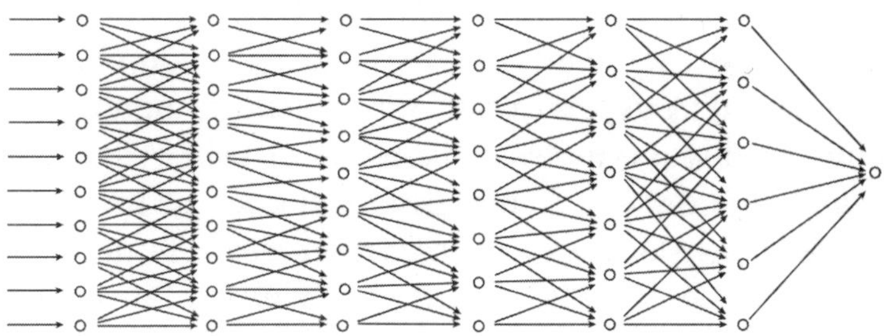

Réseau de neurones dit « profond ».

Nous reviendrons dans les prochains chapitres sur les systèmes experts ainsi que sur les réseaux de neurones artificiels, en distinguant différents types d'algorithmes auto-apprenants.

Mais arrêtons-nous pour l'instant à la question principale de ce chapitre : qu'est-ce qu'une IA ?

UNE DÉFINITION À GÉOMÉTRIE VARIABLE

Il n'est pas facile de s'accorder sur une définition de l'intelligence artificielle. Ceci vient en partie du fait que ce qui est désigné comme « IA » a beaucoup évolué au cours des dernières décennies. Pour rester cohérent avec l'utilisation de cette terminologie au cours du temps, on peut considérer que l'IA est la capacité d'un algorithme à résoudre un problème que seul l'humain pensait être capable de résoudre. Comme l'affirmait John McCarthy, « dès que ça marche, plus personne n'appelle ça de l'IA ».

Ce qui est intéressant avec cette définition, c'est que la notion d'IA dépend beaucoup plus de ce à quoi nous nous attendons que de l'IA elle-même. Ainsi, l'IA est ici un algorithme capable de prouesses qui nous surprennent, car nous pensions ces prouesses réservées à l'humain. De façon intrigante, cette définition correspond justement à la manière dont ce terme a été utilisé dans l'histoire – beaucoup plus que les définitions modernes communément présentées.

Au XVe siècle, la Pascaline pouvait être vue comme une forme d'intelligence artificielle. Aujourd'hui, personne ne considère plus une calculette comme une machine intelligente.

> « Dès que ça marche, plus personne n'appelle ça de l'IA. »
>
> John McCarthy

Quand en 1997, l'ordinateur *Deep Blue* d'IBM bat aux échecs le champion du monde en titre Garry Kasparov, on s'est mis à nouveau à parler d'IA. L'effet de surprise fut énorme. Les échecs semblaient être une tâche à laquelle seuls les humains pouvaient exceller. Mais le temps passa. Et on finit par s'y habituer. Peu de gens qualifient désormais d'IA un programme qui joue aux échecs.

Plus tard, en 2011, quand une machine remporta le concours *Jeopardy* (un jeu télévisé américain équivalent à notre *Questions pour un champion*), la surprise fut de nouveau très grande. La machine devait réussir l'exploit, d'analyser en direct les questions posées par l'animateur dans son micro avant de les traiter et d'y répondre.

Depuis quelques années, toutefois, les algorithmes capables de nous surprendre par leurs facultés s'appuient presque tous sur l'apprentissage automatique décrit ci-dessus. À tel point qu'il est devenu courant de considérer qu'une IA est un algorithme capable d'apprentissage et de prouesses remarquables. Cependant, au-delà des spécificités de ces algorithmes, l'idée que l'IA est un algorithme capable de résoudre un problème que seul l'humain pensait être capable de résoudre semble demeurer ce qui fait que nous considérons ou non tel ou tel algorithme comme une IA.

En 2017, quand une machine, après avoir analysé des tableaux de Rembrandt, en imprima un nouveau que les experts étaient incapables de distinguer d'un vrai, on a aussi parlé d'IA. L'art n'était plus réservé à l'humain.

Et les frontières continuaient à être repoussées. Deux ans plus tard, une IA chinoise termina la *8e Symphonie* de Schubert, celle que le génial compositeur n'eut jamais le temps d'achever. L'IA en question s'inspira des autres œuvres de Schubert, ainsi que de celles des compositeurs qui influençaient sa musique : Beethoven, Haydn et Mozart.

Toujours en 2017, une machine a battu le champion du monde de go, un jeu de plateau que l'on a longtemps pensé hors de portée des ordinateurs, tant l'intuition y est importante. À chaque étape, un nombre hallucinant de coups sont possibles (plus que le nombre d'atomes de l'Univers). On raconte que cette victoire décida les dirigeants chinois à investir en masse dans le secteur de l'IA, le jeu de go tenant une place de choix dans la culture de ce pays.

En 2018, une machine réussit à bluffer et gagner un concours de poker à Las Vegas.

En janvier 2019, la machine réussit à se hisser parmi les meilleurs joueurs de *StarCraft*, un jeu vidéo de stratégie en temps réel où il faut prendre des décisions sans connaître tous les coups de l'adversaire, et où les pièces maîtresses du jeu sont construites au fur et à mesure. La machine nous a à nouveau surpris.

Ces exemples récents, qui présentent des cas où la machine imite voire surpasse l'humain, ont rencontré un fort écho dans les médias et dans l'imaginaire populaire. Dès que les machines repoussent les frontières de ce qu'elles sont capables de faire, nous éprouvons des émotions fortes et contradictoires. L'idée d'une machine douée d'intelligence perturbe la vision que nous avons de nous-mêmes. Mais ces émotions, variables d'un individu à l'autre, finissent par s'atténuer avec le temps et l'habitude.

Au-delà de ces exploits très médiatisés, l'IA fait surtout beaucoup de progrès dans les secteurs où elle sert d'aide à la décision : la justice, l'éducation, le transport, etc. Dans le domaine de la santé, les IA sont amenées à sauver des vies. Et même un très grand nombre de vies.

En 2017, une IA est parvenue à surpasser les meilleurs dermatologues dans la détection de cancers de la peau à partir de photographies. D'autres tumeurs peuvent aussi être diagnostiquées – celle de la prostate par exemple – sans passer par des procédés douloureux comme la biopsie. L'IA envahit également le domaine de la chirurgie et permet de mieux cibler les tumeurs lors d'irradiations et de n'affecter que les zones malades.

La voiture autonome, pilotée par une IA, pourrait aussi sauver de nombreuses vies humaines : les IA ne boivent pas, ne s'endorment pas au volant et ne s'énervent pas. Elles offrent des opportunités remarquables.

Malheureusement, comme on le verra plus tard dans ce livre, elles peuvent aussi être utilisées directement pour nous nuire, ou indirectement amplifier nos biais et poser de complexes dilemmes moraux.

Petit à petit, les exploits des IA deviendront familiers, de la même façon que la compagnie de nos téléphones portables, ces bijoux de technologie, nous paraît désormais banale. D'autres exploits viendront. Mais jusqu'où pourront aller ces IA ? Pourront-elles réellement tout faire ?

Nous verrons dans le chapitre suivant que lorsque Alan Turing tentait de définir précisément l'IA, il était en fait motivé par la recherche de ses limites intrinsèques. La première prouesse de Turing a été en fait de dessiner les frontières de ce qui est impossible à réaliser par un algorithme, c'est-à-dire par une IA.

CHAPITRE 2

LES LIMITES DES MACHINES

Les mathématiciens ont longtemps pensé que rien n'échapperait à la compétence des algorithmes. En 1936, c'est la désillusion : Turing démontra que, au contraire, les algorithmes ont et auront toujours des limites fondamentales. Autrement dit, Turing prouva qu'une IA ne saura jamais tout faire !

LE RÊVE DE HILBERT

Jusqu'au début du XXe siècle, nombreux étaient ceux qui pensaient que tout problème mathématique pouvait être résolu par un seul et même algorithme. Autrement dit, ces mathématiciens pensaient qu'il existait une méthode unique pour tout calculer. Donnez-lui n'importe quel exercice de mathématique ; en suivant méthodiquement ses instructions, l'algorithme parviendrait à résoudre cet exercice.

David Hilbert, l'un des plus grands mathématiciens du début du siècle, en 1932.

En 1900, lors d'une conférence devenue mythique, le mathématicien allemand David Hilbert (1862-1943) défia toute la communauté mathématique d'enfin démontrer cette intuition. Plus précisément, au lieu d'attaquer chaque nouveau problème mathématique avec un certain flou artistique, Hilbert paria qu'il existe un algorithme ultime capable de systématiquement résoudre tout problème mathématique qu'on lui poserait. Selon Hilbert, la quête de cet algorithme ultime se devait d'être l'une des priorités des mathématiques. Tel est le « problème de la décision » de Hilbert, aussi connu sous le doux nom de « *Entscheidungsproblem* ». Résoudre ce problème, c'était décrire un algorithme ultime, capable de déterminer pour n'importe quelle phrase mathématique si elle est vraie ou non. En un sens, Hilbert voulait résoudre toutes les mathématiques avec un seul algorithme.

Un véritable rêve pour les étudiants ! Il ne serait plus nécessaire d'apprendre sans cesse de nouvelles méthodes pour résoudre de nouveaux types d'exercices. Il n'y aurait plus lieu d'apprendre séparément l'algorithme d'addition, puis l'algorithme de multiplication, puis l'algorithme de dérivation des fonctions analytiques, et ainsi de suite. Il n'y aurait qu'un seul et unique algorithme à apprendre. Et l'exécution de cet algorithme suffirait à résoudre tous les exercices de mathématiques.

Avant tout, il fallait néanmoins définir de façon rigoureuse ce qu'est un algorithme. En 1900, cela n'était pas du tout le cas : le problème de la décision de Hilbert était alors un problème mal posé. Hilbert gardait l'espoir qu'une fois la notion d'algorithme correctement formalisée, il serait possible d'accomplir la quête de cet algorithme ultime. Porté par sa conviction, il esquissa un vaste programme de travail qui devait occuper ses collègues mathématiciens pendant plusieurs décennies.

Sa philosophie transparaît dans le discours emblématique qu'il tint le 8 septembre 1930, à la conférence

« Nous devons savoir ; nous allons savoir. »

David Hilbert, 1930

de Königsberg, au moment de son départ à la retraite. Hilbert conclut son discours en affirmant qu'en mathématiques « il n'y aura pas d'*ignorabimus* » ; ce mot est une abréviation de l'expression latine *Ignoramus et ignorabimus,* qui signifie : « Nous ne savons pas et ne saurons jamais ». Hilbert enfonce le clou : « Nous devons savoir ; nous allons savoir. »

Ce beau programme ne résistera pas à la découverte de deux des théorèmes les plus stupéfiants de l'histoire des mathématiques…

L'INCOMPLÉTUDE DE GÖDEL

Le premier coup de boutoir est donné par le jeune logicien Kurt Gödel (1906-1978). La veille du discours de Hilbert, à la même conférence de Königsberg, Gödel avait déjà annoncé son (premier) théorème d'incomplétude. Ce théorème affirme que toute théorie mathématique contient des vérités non démontrables qui n'admettent pas de preuve et qui ne sont pas réfutables. Les implications sont dévastatrices. Contre toute attente, en mathématiques, il est impossible de dissiper toutes les zones d'ignorance ; ce fameux *ignorabimus.*

Pour l'illustrer, considérons l'affirmation « tout nombre pair est la somme de deux nombres premiers ». Par exemple, le nombre pair 42 s'écrit bien 42 = 19 + 23, où 19 et 23 sont des nombres premiers (chacun n'est divisible que par 1 et par lui-même). En sera-t-il de même de tout nombre pair ?

> « Les instruments utilisés par les mathématiciens ne sont pas des instruments qui prolongent les facultés de nos sens, mais les capacités de notre entendement. »
>
> Gilles Dowek, 2007

Cette affirmation est aujourd'hui connue comme la « conjecture de Goldbach », du nom du mathématicien qui l'a formulée en 1742. Il s'agit de l'un des plus prestigieux problèmes encore ouverts. Autrement dit, pour l'instant, on ne dispose ni de preuve de sa véracité, ni de preuve de sa fausseté. Si le problème de Hilbert était réalisable, alors on finirait bien par démontrer l'un ou l'autre ; il ne s'agirait que d'une question de temps. « Nous allons savoir », répétait Hilbert.

Gödel prend le contre-pied de l'attitude de Hilbert. Son théorème montre qu'il est possible que la conjecture de Goldbach n'admette aucune preuve. Il se pourrait qu'il n'existe aucune preuve, ni de sa véracité, ni de sa fausseté. Le statut de cette conjecture pourrait être impossible à déterminer à l'aide de démonstrations mathématiques, en tout cas étant donné notre façon actuelle de faire des mathématiques. On dirait alors de cette conjecture qu'elle est « indécidable ».

On pourrait croire qu'il s'agit là d'une simple déficience de nos mathématiques actuelles. En particulier, Hilbert aurait pu rétorquer que toute conjecture finirait par être décidable, dès lors qu'on parviendrait à identifier les « bons » fondements des mathématiques. Autrement dit, si nous faisions les mathématiques « de la bonne manière », nous pourrions chasser tous les énoncés indécidables et former une théorie complète.

Hélas, le théorème d'incomplétude de Gödel réduit cet espoir à néant. En effet, Gödel a démontré que son théorème d'incomplétude s'appliquait à tout fondement mathématique ! Autrement dit, toute théorie mathématique a des angles morts.

Kurt Gödel, l'un des plus grands logiciens de l'histoire, en 1925.

Les mois qui suivirent, en parallèle avec le mathématicien et autre père de l'informatique John von Neumann, Gödel prouvera même le second théorème d'incomplétude. Ce théorème porte un nouveau coup au problème de Hilbert en montrant que la cohérence même des mathématiques fait partie de ces *ignorabimus*. On ne pourra jamais démontrer l'absence d'incohérence en mathématique ! Même si, désormais, très peu de mathématiciens doutent sérieusement de l'incohérence de leur objet d'étude, aucun ne peut garantir le bien-fondé de cette intuition. Et jamais personne n'y arrivera.

LA PREMIÈRE PROUESSE DE TURING

L'impossibilité de démontrer la vérité de tout théorème vrai est donc une propriété des mathématiques. Toutefois, à la lumière des théorèmes d'incomplétude de Gödel, on peut se demander si une variante plus modeste du problème de Hilbert ne serait pas soluble. À défaut de démontrer la véracité de tout théorème vrai, ne pourrait-on pas, au moins, démontrer celle de tout théorème prouvable ? Et si une conjecture est improuvable, pourra-t-on prouver l'absence de preuve ?

On sait désormais que la conjecture de Goldbach pourrait admettre une preuve favorable, ou bien admettre une preuve défavorable, ou encore n'admettre ni l'une ni l'autre. Est-il possible de déterminer laquelle de ces possibilités est vraie ? En particulier, existe-t-il un algorithme pour déterminer si la conjecture de Goldbach admet ou n'admet pas de démonstration mathématique de sa vérité ? Plus généralement, existe-t-il un algorithme capable de calculer la décidabilité d'une conjecture ?

C'est à cette version si fascinante et si fondamentale du problème de la décision de Hilbert que s'attaqua Alan Turing, dans les années 1930. Alors étudiant au King's College de l'université de Cambridge, Turing travaillait sous la direction du mathématicien britannique Godfrey Harold Hardy. Mais avant d'en arriver à sa résolution du problème de la décision, il nous faut nous arrêter sur la prouesse préliminaire de Turing, à savoir la formalisation de la notion d'algorithme.

Alan Turing dans les années 1930, à 28 ans.

En effet, comme nous l'avons dit plus haut, la notion d'algorithme était alors purement intuitive. Il n'y en avait pas de formalisation mathématique. Ce flou n'était pas gênant pour concevoir des algorithmes. Toutefois, il empêchait l'étude systématique des algorithmes – et en particulier celle de leurs limites.

C'est avec une certaine audace que, en 1936, Turing proposa enfin une formalisation rigoureuse de la notion d'algorithme, et postula qu'il s'agissait de la « bonne » formalisation.

Cette formalisation, nous en avons déjà parlé. Il s'agit des tables de transition d'une machine de Turing universelle. En particulier, selon la thèse de Church-Turing, toute suite d'instructions forme un algorithme si et seulement si elle peut être retranscrite comme des données à fournir à une machine de Turing universelle (sous forme de tables). Un algorithme doit pouvoir être programmé sur une machine de Turing universelle. On dit aussi que la suite d'instructions est alors calculable.

LES ÉCHECS AVANT TURING

Pour mesurer le génie de la solution de Turing, il est intéressant de noter que la formalisation précise de la notion d'algorithme est passée par des étapes intermédiaires insatisfaisantes. Turing n'était pas le seul à s'être lancé en quête d'une formalisation rigoureuse...

Dès 1923, le mathématicien norvégien Thoralf Skolem (1887-1963) tenta de définir le concept d'algorithme. En s'appuyant sur la logique formelle, Skolem définit ce que l'on appelle les « fonctions primitives récursives » (le détail de la nature de ces fonctions importe peu pour notre propos).

En particulier, à cette époque, il semblait que tout algorithme était nécessairement une fonction primitive récursive. Cependant, en 1928, le mathématicien roumain Gabriel Sudan et son collègue allemand Wilhelm Ackermann décrivirent des algorithmes tout à fait raisonnables, notamment l'algorithme d'Ackermann, qui ne sont pas des fonctions primitives récursives. La définition de Skolem était en fait trop restrictive. Elle excluait des constructions pourtant intuitivement algorithmiques.

Quelques années plus tard, en 1933, Kurt Gödel chercha à généraliser l'approche de Skolem, en espérant cette fois ne rien manquer. Mais il ne parvint pas à se convaincre qu'il avait réussi à définir l'ensemble de tous les algorithmes[4].

En parallèle, Alonzo Church et son étudiant Stephen Kleene proposèrent une approche très distincte pour caractériser l'ensemble des algorithmes. Plutôt que de s'intéresser directement aux fonctions définissables à l'aide de la logique formelle, Church et Kleene s'intéressèrent aux manipulations des symboles de la logique formelle. Ils définirent ainsi le λ calcul, qui correspond à un langage et des règles très symboliques et très simples de manipulation de ce langage. Dès lors, un algorithme du λ-calcul correspond à une succession d'opérations dites « d'abstraction » et « d'application » sur les phrases du langage.

> « Si vous y réfléchissez suffisamment longtemps, vous finirez par conclure que tout calcul peut être réalisé par une machine de Turing. »
>
> Scott Aaronson

Cependant, l'approche de Church et Kleene était très abstraite. Elle pouvait sembler très éloignée de ce qu'on entend intuitivement par algorithme ou procédure. Du reste, Gödel la qualifia de « complètement insatisfaisante ». Pire, en 1935, Kleene et Rosser montrèrent que les tentatives initiales de Church produisaient une théorie incohérente !

Néanmoins, Church persévéra en modifiant son λ-calcul pour n'en retenir que l'aspect algorithmique élémentaire. Et en 1936, il publia une démonstration du fait que certains problèmes d'arithmétique ne peuvent pas être résolus par le λ-calcul. En postulant que tout algorithme correspondait à des opérations descriptibles par le λ-calcul, Church prétendit qu'il avait ainsi résolu le problème de la décision de Hilbert.

L'article de Church parut en avril 1936. Quand Turing en prit connaissance, il s'empressa de finaliser son propre article, qu'il soumit un mois plus tard. L'été suivant, Turing décortiqua les idées de Church, et prouva que le λ-calcul, bien que très différent de la machine de Turing en apparence, était en fait équivalent. Les algorithmes définis par λ-calcul sont les mêmes que ceux descriptibles sur le ruban d'une machine de Turing universelle ! Mieux encore, Church et Turing finirent par prouver que les fonctions généralement récursives de Gödel étaient également équivalentes aux algorithmes du λ-calcul et aux codes d'une machine de Turing universelle.

Finalement, s'il faut retenir quelque chose de la fascinante année 1936, peut-être plus encore que la solution au problème de Hilbert, c'est sans doute surtout la convergence spectaculaire d'approches très différentes vers une seule et unique notion d'algorithme. Quel que soit l'angle d'attaque, il semblait qu'à force de réfléchir à ce qu'était une suite d'instructions « effectivement calculable », on en venait au même concept central de calculabilité. Ou comme le suggère l'informaticien et vulgarisateur Scott Aaronson[5] en 2014, « si vous y réfléchissez suffisamment longtemps, vous finirez par conclure que tout calcul peut être réalisé par une machine de Turing ».

LES DÉMONSTRATIONS FORMELLES

De toutes les approches de la calculabilité, c'est-à-dire essayant de définir précisément ce qu'est un algorithme, celle de Turing sortait toutefois assez nettement du lot. Bien qu'équivalente aux autres, la définition de Turing était remarquablement simple, intuitive et puissante. En particulier, l'approche de Turing permettait naturellement d'explorer les liens entre algorithmes et mathématiques.

En effet, à l'instar des algorithmes, les mathématiques elles-mêmes avaient été formalisées, suite aux travaux monumentaux de nombreux logiciens de la fin du XIXe siècle et du début du XXe comme Gottlob Frege, Giuseppe Peano, Bertrand Russell, David Hilbert et Kurt Gödel. Au lieu de s'appuyer sur un langage naturel sujet à interprétation, le langage formel développé par ces logiciens était purement symbolique et sans ambiguïté.

Par exemple, au lieu de s'énoncer « tout nombre pair est somme de deux nombres premiers », dans le langage formel du logicien Giuseppe Peano, la conjecture de Goldbach s'écrit « $\forall n \exists p \exists q \forall a \forall b\ (n+n=p+q) \wedge \neg(SSp=SSa \times SSb \vee SSq=SSa \times SSb)$ ».

Ce n'est pas très joli. Et cette formulation est inaccessible au commun des mortels. Mais au moins, dès lors, toute ambiguïté est levée. Une telle phrase est ou n'est pas démontrable. Contrairement à sa version écrite dans la langue française, la formulation dans le langage formel ne peut pas être « sujette à interprétation ». Mieux encore, il est ensuite possible de l'encoder comme une donnée à écrire sur le ruban d'une machine de Turing universelle, par exemple via l'encodage proposé par Gödel dans sa preuve du théorème d'incomplétude.

En plus de fournir un langage sans ambiguïté, les travaux des logiciens ont permis de formaliser ce qu'était une preuve valide d'une phrase mathématique. Dès lors, un raisonnement mathématique correspondait ni plus ni moins à une suite de manipulations de symboles valide. Autrement dit, la preuve mathématique devenait elle-même une opération algorithmique sur les symboles du langage formel. Mieux encore, il était désormais possible de décrire un algorithme qui, étant donné une conjecture et une proposition de preuve, détermine si la proposition de preuve est bien une preuve valide de la conjecture. On parle d'« algorithme de vérification de preuve ».

De tels algorithmes sont désormais utilisés quotidiennement pour vérifier la validité de certaines preuves formelles en mathématiques ; citons le logiciel *Coq*. Introduit en 1989, ce logiciel a depuis permis la vérification formelle de preuves complexes comme la démonstration du théorème des quatre couleurs.

Certains mathématiciens, comme le regretté Vladimir Voevodsky (1966-2017), pensent même que, vu la faillibilité des mathématiciens, il serait préférable que toute preuve mathématique importante soit validée par des algorithmes de vérification de preuves. D'ailleurs, ces algorithmes jouent déjà un rôle central pour prouver l'absence de bugs dans des programmes informatiques de très grande importance, comme les logiciels de navigation des avions.

LA FORMALISATION DU PROBLÈME DE LA DÉCISION

Quoi qu'il en soit, grâce à la formalisation des mathématiques, des preuves mathématiques et de la notion d'algorithme, Turing fut finalement à même de proposer une version formelle du problème de la décision de Hilbert. Ce problème revient à déterminer l'existence de l'algorithme ultime de Hilbert.

Plus précisément, cet algorithme ultime, s'il existe, doit être descriptible sur le ruban d'une machine de Turing universelle. Sur une autre partie de ce même ruban, on peut alors inscrire l'énoncé d'une conjecture mathématique. Puis, après exécution des calculs, la machine de Turing universelle doit s'arrêter avec l'écriture d'un dernier symbole, typiquement un 0 ou un 1. Ce dernier symbole doit être la réponse à l'existence d'une preuve en faveur de la conjecture mathématique. Et il faut, bien sûr, que la réponse de la machine de Turing universelle soit la bonne, quelle que soit la conjecture mathématique qui lui est soumise.

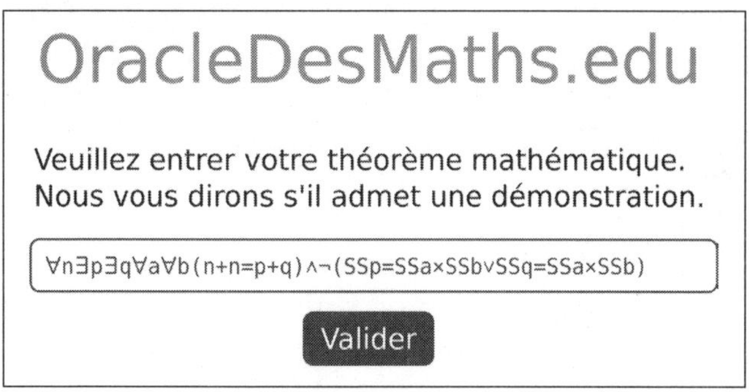

Application imaginaire implémentant l'algorithme ultime de Hilbert.

En termes plus informels, si l'algorithme ultime de Hilbert existe, il pourrait être implémenté par une application sur votre téléphone. Vous taperiez par exemple l'énoncé rigoureux d'une conjecture mathématique dans une zone de texte. En appuyant sur le bouton « valider », vous demanderiez alors à l'application s'il existe une preuve de cette conjecture mathématique. Une application qui parviendrait à toujours donner la bonne réponse à cette question résoudrait le problème de la décision de Hilbert. Mais existe-t-elle ?

LE PROBLÈME DE L'ARRÊT

Turing démontra qu'il existe un algorithme relativement simple permettant de résoudre partiellement le problème de la décision de Hilbert.

Considérons une conjecture mathématique, dont on se demande s'il existe une preuve de sa vérité. Pour répondre à cette question, on peut commencer par lister toutes les preuves de moins d'une page. Si l'une d'elles est valide, on aura alors trouvé une preuve à la conjecture. Cependant, il nous faut aussi envisager la possibilité qu'aucune preuve de moins d'une page soit une preuve valide de la conjecture.

Fort heureusement, on finira par savoir si tel est le cas, car le nombre de preuves de moins d'une page est fini, en supposant qu'il n'est possible d'écrire qu'un nombre fini de caractères dans une page. En testant la validité de chacune de ces tentatives de preuves, si aucune n'est valide, on finira par le savoir. On pourra alors répéter la procédure avec toutes les preuves qui font deux pages. Puis, avec celles qui font trois pages, et ainsi de suite.

On peut se convaincre que, si jamais la conjecture mathématique admet une preuve, alors l'algorithme que nous venons de décrire finira par trouver la preuve en question. En effet, même si la preuve fait 379 pages, alors l'algorithme trouvera cette preuve au moment d'envisager les preuves qui font 379 pages. L'algorithme parviendra ainsi à démontrer la vérité de toute conjecture prouvable !

Cependant, l'algorithme aura une faille. Si une conjecture n'admet aucune preuve, alors il tournera indéfiniment. En effet, il ne cessera de chercher des preuves de plus en plus longues. Mais même après avoir exploré des preuves de milliards de milliards de milliards de pages, il lui restera une infinité de preuves plus longues encore à envisager. Son exploration sera sans fin. On dit que l'algorithme ne terminera pas.

En particulier, un tel algorithme ne parviendra jamais à vous répondre « non, la conjecture n'a pas de preuve ». Un tel algorithme ne résout que la moitié du problème de la décision de Hilbert. Si une conjecture admet une preuve, l'algorithme résoudra le problème. Mais pour toute conjecture sans preuve, l'algorithme tournera indéfiniment sans jamais fournir de réponse.

Peut-on trouver mieux ? La réponse de Turing fut implacable : non, il n'est pas possible de concevoir un algorithme capable de déterminer l'existence ou l'absence de preuve d'une conjecture mathématique. Le problème de la décision est insoluble pour les machines de Turing. Il dépasse les limites des algorithmes.

OracleDesMaths.edu

Veuillez entrer votre théorème mathématique.
Nous vous dirons s'il admet une démonstration.

$\forall n \exists p \exists q \forall a \forall b (n+n=p+q) \wedge \neg (SSp=SSa \times SSb \vee SSq=SSa \times SSb)$

Nous sommes en train de réfléchir... Veuillez patienter.

Note : Le temps d'attente est indéterminé.
Il est possible que nous ne saurons jamais dire
si votre théorème admet une démonstration...

Patatras ! L'application est impuissante à répondre.

Pour le prouver, Turing se posa la question de l'existence d'un algorithme capable de toujours déterminer si un autre algorithme termine. Tel est le problème de l'arrêt.

Turing montra que ce problème de l'arrêt était équivalent au problème de la décision, puis que le problème de l'arrêt est insoluble algorithmiquement. Aucun algorithme ne peut systématiquement déterminer si un autre algorithme termine !

LA PREUVE D'IMPOSSIBILITÉ DE TURING

La démonstration de Turing est elle-même fascinante. Il s'agit d'une démonstration par l'absurde. Turing va supposer que le problème de l'arrêt peut être résolu, puis montrer que cette hypothèse aboutit à une contradiction, une situation paradoxale. Ce paradoxe étant interdit par les mathématiques, il faudra conclure que l'hypothèse initiale ne peut pas être valide. Et donc, que le problème de l'arrêt ne peut pas être résolu.

Pour commencer sa démonstration, Turing va admettre qu'il existe un algorithme, capable de résoudre le problème de l'arrêt. Et pour montrer l'existence d'un paradoxe, Turing va concevoir un second algorithme spécialement prévu pour faire mentir le premier.

Telle est l'astuce de la diagonalisation, que de nombreux logiciens avant lui, comme Cantor, Russell et Gödel, avaient appliquée à d'autres problèmes de logique. Il s'agit de faire parler un objet de lui-même, en glissant une négation quelque part pour créer un paradoxe. En effet, si l'objet vérifie une propriété, alors la diagonalisation permet de montrer que l'objet ne la vérifie pas. Et vice-versa. Si l'objet ne vérifie pas la propriété, alors la diagonalisation permet de montrer que l'objet la vérifie. L'objet ainsi conçu sera nécessairement paradoxal.

L'exemple le plus simple de cette diagonalisation est le paradoxe du Crétois, qui aurait été énoncé par un contemporain d'Aristote. Imaginons qu'un Crétois déclare : « Je mens ». Si ce qu'il dit est vrai, alors ce qu'il dit est faux. Et si ce qu'il dit est faux, alors le Crétois dit la vérité… Le paradoxe vient du fait que le Crétois tient un discours sur la manière dont il parle, avec une négation dérivée du mensonge.

Un autre exemple classique est celui d'une ville où un barbier rase tous les habitants qui ne se rasent pas eux-mêmes. Le barbier se rase-t-il ? Si le barbier se rase lui-même, alors il est l'un des « habitants qui se rasent eux-mêmes ». Il ne devrait donc pas être rasé par le barbier, c'est-à-dire par lui-même ! Inversement, si le barbier ne rase pas lui-même, alors il est un habitant « qui ne se rase pas lui-même ». Il doit donc se faire raser par le barbier. Le paradoxe surgit à cause de la négation « ne se rasent pas eux-mêmes » et de l'auto-référence de la question « le barbier se rase-t-il ? ».

Démonstration par l'absurde qu'il est impossible de résoudre le problème de l'arrêt

Suivre la démonstration de Turing demande un peu de concentration, alors accrochez-vous !

Turing fait l'hypothèse qu'il existe un algorithme, appelons-le **Stop**, capable de résoudre le problème de l'arrêt. Autrement dit, si on fournit un algorithme **algo** à **Stop**, alors **Stop** calculera **Stop(algo)** dont le résultat dira si **algo** termine.

Il s'agit alors de montrer que l'existence de **Stop** aboutit à une contradiction. Pour cela, Turing conçoit un nouvel algorithme, **Paradoxe,** en appliquant la méthode de diagonalisation. L'algorithme **Paradoxe** a comme particularité d'invoquer l'algorithme **Stop** et de le faire mentir. Ainsi **Paradoxe** va commencer par lancer l'exécution de **Stop(Paradoxe)** pour déterminer la prédiction de l'algorithme **Stop** sur la terminaison de **Paradoxe**. Ensuite, **Paradoxe** fera l'opposé de la réponse de **Stop(Paradoxe)**. Si **Stop(Paradoxe)** affirme que **Paradoxe** termine, alors **Paradoxe** va se lancer dans une boucle infinie. À l'inverse, si **Stop(Paradoxe)** affirme que **Paradoxe** ne termine pas, alors **Paradoxe** va s'arrêter.

L'algorithme Paradoxe est conçu pour faire mentir Stop.

Il se trouve que l'algorithme **Paradoxe** que l'on vient de décrire est en fait paradoxal. Voyez-vous pourquoi ?

Si **Stop(Paradoxe)** dit que **Paradoxe** termine, alors **Paradoxe** va faire exprès de ne pas terminer. L'algorithme **Stop** se sera trompé concernant **Paradoxe**. Il n'aura pas résolu le problème de l'arrêt pour **Paradoxe**.

Mais si **Stop(Paradoxe)** dit que **Paradoxe** ne termine pas, alors **Paradoxe** décidera de terminer. L'algorithme **Stop** se sera également trompé concernant **Paradoxe**. Il n'aura pas résolu le problème de l'arrêt pour **Paradoxe**.

Quoi qu'il fasse, l'algorithme **Stop** aura échoué à résoudre le problème de l'arrêt pour **Paradoxe**. Il existera donc un algorithme dont la terminaison n'aura pas été anticipée par **Stop**. L'algorithme **Stop** ne peut pas avoir résolu le problème de l'arrêt pour tous les algorithmes. Son existence est donc paradoxale ! C.Q.F.D.

Grâce à cette méthode de la diagonalisation, Turing montra que même une solution partielle au problème de l'arrêt est impossible. Le problème de l'arrêt dans sa généralité ne peut pas être résolu par un algorithme. Et par conséquent, par équivalence avec le problème de la décision de Hilbert, il n'existe pas non plus d'algorithme capable de statuer l'existence de preuves des théorèmes mathématiques. La décidabilité des théorèmes mathématiques est indécidable par le calcul !

AU-DELÀ DE LA CALCULABILITÉ ?

Par la suite, informaticiens, mathématiciens et physiciens n'ont cessé de disséquer la notion d'algorithme définie par Gödel, Church et Turing, en tentant de trouver une notion plus générale encore.

Peu après la publication des travaux de Church et de Turing, au printemps 1936, il semblait en effet prématuré de postuler que la machine de Turing définissait le cadre de calculabilité le plus général qui soit. Turing en était d'ailleurs conscient. Invité à rejoindre l'Université de Princeton, Turing entama une thèse encadrée par Church sur des cadres de calculs hypothétiques qui transcenderaient la calculabilité des machines de Turing. S'il existait des hypermachines de Turing, pourrait-on enfin résoudre le problème de la décision ? Ou au contraire, leurs hypercalculs auraient-ils leurs propres limites ?

Pour définir ces hypercalculs, Turing eut l'idée d'introduire des « oracles ». À l'instar des oracles de la Grèce antique, les oracles de Turing sont capables de répondre instantanément à des questions potentiellement incalculables. Typiquement, dans le cadre de la théorie de l'hypercalcul, Turing postula l'existence d'une sorte d'hypermachine qui résout le problème de l'arrêt. Ainsi, si on fournit à cette hypermachine le code d'un algorithme calculable, l'hypermachine serait capable d'effectuer un hypercalcul qui dit si l'algorithme calculable terminera.

« Un homme muni de papiers, de crayons et de gommes, [...] est finalement une machine universelle. »

Alan Turing, 1948

En s'armant de telles hypermachines, était-il désormais possible de concevoir des hyperalgorithmes capables de résoudre le problème de la décision ?

Malheureusement, la réponse demeure négative. De la même manière que Gödel a montré que l'ajout d'axiomes aux mathématiques ne suffirait jamais à empêcher l'existence de conjectures indécidables, Turing montra que l'ajout d'oracles aux machines de Turing ne suffit pas à résoudre le problème de la décision. Même les hyperalgorithmes ne peuvent pas déterminer systématiquement l'existence de preuves d'une conjecture mathématique. Tel est le théorème principal de la thèse de doctorat d'Alan Turing.

Aujourd'hui encore, après presqu'un siècle de réflexions théoriques et de tentatives expérimentales, rien n'y fait : la notion d'algorithme définie par Gödel, Church et Turing n'a jamais été surpassée. Et pourtant, les industriels ne cessent de repousser les limites des technologies du traitement de l'information. Des milliards, voire des milliers de milliards de dollars[6] sont en jeu. Quiconque parviendrait à transcender le cadre de Turing se couvrirait de gloire.

Mais la machine de Turing semble bel et bien définir le cadre de calculabilité le plus général qui soit. Même les ordinateurs quantiques, sources de nombreux espoirs de rupture technologique, sont restreints à la calculabilité de Turing. En outre, la théorie de l'hypercalcul de Turing suggère que ce cadre plus général tiendra probablement compte de toute découverte future sur des possibilités physiques de concevoir des machines qui transcendent les facultés des machines de Turing. Même si, pour l'instant en tout cas, l'existence de telles hypermachines semble très improbable.

L'IA A DONC DES LIMITES

Récapitulons. L'IA est un algorithme, c'est-à-dire une suite d'instructions, représentée par une table de transitions, qui peut s'exécuter sur une machine universelle de Turing. Cette machine est une sorte de méta-algorithme dont les données sont des algorithmes. On parle finalement souvent plus ou moins de la même chose quand on parle d'IA, d'algorithme, de programme et de machine.

N'en déplaise à Hilbert qui voulait démontrer le contraire, les algorithmes seront toujours confrontés à des problèmes qu'ils ne pourront pas résoudre. Les IA sont donc forcément impuissantes face à certains problèmes mathématiques. Les IA ne peuvent pas tout faire.

Turing a même démontré qu'il y avait infiniment plus de problèmes qui ne pourraient pas être solubles par des algorithmes que de problèmes qui pouvaient l'être.

D'une certaine manière, l'IA est infiniment plus limitée qu'elle n'est puissante. Et pourtant elle est très puissante, comme nous allons le voir.

CHAPITRE 3

DES PROGRÈS AHURISSANTS

À l'époque de Turing, les performances des machines à calculer étaient si faibles qu'il semblait inenvisageable qu'elles atteignent des facultés cognitives comparables à celles des humains. Peu y voyaient une technologie d'avenir. Pourtant, l'IA a depuis envahi notre quotidien, de nos téléphones aux centres de données des grandes entreprises. Pourquoi ? Qu'est-ce qui a rendu l'IA si omniprésente ?

DES ALGORITHMES ET DES MACHINES

Qu'est-ce qui rend les IA d'aujourd'hui si puissantes, à tel point que les machines battent l'humain à plate couture dans de nombreux domaines ? Ces algorithmes contiendraient-ils des idées extraordinaires ou surnaturelles ?

La réponse est plus prosaïque : la supériorité des machines modernes réside dans leur capacité à enchaîner les opérations à une cadence infernale. Dans ce qui suit, nous parlerons de l'évolution phénoménale des ordinateurs, tout en soulignant les caractéristiques fondamentales qui permettent à certains algorithmes d'en tirer parti.

LA « BOMBE » DE TURING

Le cerveau humain semble décomposer ses activités en opérations élémentaires. La pensée est une combinaison subtile des nombreuses activations neurales, accompagnées de propagations de signaux électro-chimiques. Alors que le nombre d'opérations par seconde qu'exécute un cerveau humain ne semble pas avoir augmenté durant les siècles derniers, les performances des machines n'ont cessé de progresser de manière fulgurante.

Les premières machines étaient purement mécaniques. Comme on l'a vu dans le premier chapitre, elles mettaient en jeu des cailloux dans des récipients, des manivelles ou des cartes perforées. Au début du XXe siècle, grâce à l'électricité, les manivelles ont été progressivement remplacées par des circuits électriques, plus efficaces. Les machines exécutaient alors une opération en quelques secondes. La machine Z3, construite en Allemagne par l'ingénieur allemand Konrad Zuse en 1938, effectuait par exemple une multiplication en quelques secondes.

La Seconde Guerre mondiale changea la donne. Avec elle naquit un besoin pressant de construire des machines qui calculent encore plus vite, notamment à des fins de cryptanalyse. En effet, la confidentialité des communications est cruciale en temps de guerre. Et celles-ci se faisaient majoritairement par ondes radio, que tout un chacun pouvait intercepter ! Il était donc nécessaire de chiffrer les messages pour qu'ils restent inintelligibles. Et depuis plusieurs années déjà, la marine puis l'armée de terre allemandes avaient adopté une machine de chiffrement électromécanique à cylindres appelée « Enigma » pour coder et décoder les messages. Bien évidemment, les services de renseignement des nations voisines avaient tout intérêt à « casser » ce code, et s'y intéressaient de près.

Enigma ressemblait à une simple machine à écrire, avec un clavier sur la partie inférieure du boîtier. Un peu plus haut se trouvait une série de voyants répétant la disposition du clavier, et l'accès à différents réglages. Lorsque l'opérateur tapait une lettre sur le clavier, un voyant s'allumait... révélant alors une autre lettre. La lettre illuminée correspondait au chiffrement de la lettre « en clair ». Ainsi, il suffisait de taper le message en clair et de noter la succession de voyants allumés pour constituer le message chiffré. De façon remarquable, si l'opérateur tapait la lettre chiffrée au lieu de taper la lettre en clair, le voyant qui s'allumait sur Enigma était alors celui de la lettre en clair. Ainsi, pour déchiffrer un message chiffré, il suffisait de le taper et de relever à nouveau les voyants allumés (pour peu que les réglages de la machine soient les mêmes) !

Sur cet exemplaire d'Enigma, les trois rotors (roues crantées, en haut) assurent une partie du chiffrement. Changer le câblage permettait de changer le code de chiffrement de la machine, ce qui était fait chaque soir.

La machine Enigma fut un élément stratégique décisif lors de la bataille de la Manche. Les sous-marins allemands qui torpillaient les bateaux alliés attaquaient en meute, comme des loups. Pour se coordonner, ils communiquaient leur position et leur stratégie d'attaque en s'envoyant des messages chiffrés par Enigma. Les Anglais parvenaient à intercepter ces messages. Ils disposaient des plans de la machine Enigma, transmis dans les années 1930 par un espion allemand, et d'informations sur le processus de cryptage récupérées sur deux U-Boot – des sous-marins allemands – abordés par la Royal Navy. Mais ces documents étaient insuffisants. Ils ne permettaient pas de déchiffrer les messages des forces nazies.

La difficulté venait du fait qu'Enigma devait être configurée, en ajustant notamment son câblage, la position et le choix des différents rotors. Ce sont ces réglages, changés tous les soirs, qui définissaient le codage utilisé par Enigma. Il ne suffisait donc pas de casser le codage un jour donné ; il fallait réitérer la prouesse tous les jours, et le plus vite possible, sous peine de se retrouver à nouveau dans le noir. Et la tâche n'était pas simple. Initialement conçue en 1920 avec plusieurs milliers de réglages possibles, Enigma avait constamment été améliorée. En 1941, elle offrait des centaines de milliards de milliards de réglages possibles. Elle était donc réputée inviolable.

Pour casser Enigma, différents services de renseignement alliés, notamment français, polonais et anglais, décidèrent de mettre en commun les informations recueillies et les travaux déjà réalisés. Une équipe de mathématiciens fut constituée au quartier général des services de renseignement britannique à Bletchley Park, en Angleterre. Parmi eux, se trouvait Alan Turing. Avec l'aide de son équipe, Turing s'employa à concevoir une machine qui, à partir des messages échangés par les Allemands en début de journée, devait explorer le plus vite possible les différentes possibilités de réglage afin de retenir le bon. Chaque jour se répétait une véritable course contre la montre.

Pour réduire les possibilités, Turing exploita quelques particularités d'Enigma et de son utilisation par l'armée allemande. Parmi celles-ci, il y avait le fait qu'Enigma n'encodait jamais une lettre en elle-même. Le chiffrement de la lettre A ne pouvait pas être la lettre A.

Par ailleurs, comme nous l'avons dit plus haut, le chiffrement d'une lettre chiffrée était la lettre originale. Si un A était chiffré en un K, alors le K était chiffré en un A.

Mais surtout, Turing exploita les spécificités de la langue allemande, et en particulier les spécificités des messages envoyés. Par exemple, les lettres E, N et I sont les plus fréquentes en allemand, tout comme des combinaisons spécifiques comme EIN ou DER. Par ailleurs, les messages envoyés en début de journée commençaient toujours par les mêmes formules de politesse, et certains messages finissaient par un bulletin météorologique.

Malgré ces indices, le nombre de possibilités de réglages demeurait énorme. Pour accélérer le déchiffrement d'Enigma, Turing eut l'idée d'automatiser le calcul des tentatives de déchiffrement. Turing et ses collègues conçurent alors une machine à calculer surpuissante, appelée la « Bombe ». Turing était persuadé que seule une machine pouvait venir à bout d'une autre machine, en l'occurrence Enigma.

Cette machine s'inspirait d'une machine polonaise du même nom, mise au point par le cryptologue Marian Rejewski vers 1938 ; cette première « Bombe » avait malheureusement très vite été dépassée, dans le courant de l'année 1939, au fur et à mesure que les réglages d'Enigma se complexifiaient. La Bombe de Turing allait beaucoup plus vite : elle parvenait à faire plusieurs opérations par seconde en parallélisant le calcul. C'était une sorte de « super-Bombe » qui exploitait deux cents Bombes.

Les calculs devinrent finalement suffisamment rapides pour déchiffrer les codes à temps.

Grâce à Alan Turing, les Alliés furent en mesure de déchiffrer une grande partie des communications allemandes. De nombreux historiens considèrent que ce déchiffrement joua un rôle majeur dans la victoire des Alliés.

Les rotors permettent de réaliser les permutations et donc le déchiffrement d'Enigma par la Bombe de Turing.

LA PROGRESSION FULGURANTE DES ORDINATEURS

Ces travaux ne furent toutefois qu'un premier pas vers la conception de machines encore plus performantes. En 1943, la société IBM présenta une machine fabriquée par l'informaticien américain Howard Aiken : la Mark 1, qui exécutait plusieurs milliers d'opérations par seconde. C'est d'ailleurs l'entreprise IBM qui inventa le mot « ordinateur », quelque dix ans plus tard, pour désigner la machine qu'elle s'apprêtait à commercialiser en France. Ce mot a depuis désigné toutes les machines capables d'exécuter des algorithmes.

La Mark 1 pesait 5 tonnes et faisait près de 18 mètres de long. Ces dimensions impressionnantes s'expliquent entre autres par l'utilisation de tubes à vide, des composants volumineux dont la maintenance et la mise sous tension s'avéraient délicates. Heureusement, un petit nouveau allait pointer le bout de ses pattes : le transistor. Son invention valut d'ailleurs le prix Nobel de physique 1956 à ses inventeurs, John Bardeen, William Shockley et Walter Brattain, des laboratoires Bell. Ce composant est une sorte d'interrupteur actionnable électroniquement. Il est beaucoup plus petit, fiable et performant qu'un tube à vide.

La combinaison de plusieurs transistors permet la fabrication de circuits logiques, imaginés par le mathématicien Claude Shannon en 1937, qui implémentent les calculs élémentaires d'une machine.

Un transistor exploite les propriétés d'un matériau semi-conducteur comme le silicium. Il comprend trois pattes ; l'une d'elles sert d'interrupteur. Son activation détermine si le transistor sera conducteur.

Et surtout, grâce à leur petite taille, de nombreux transistors et composants peuvent être encapsulés dans des circuits intégrés (ou « puces » électroniques). Les processeurs – les unités de calcul qui sont à présent au cœur de tout ordinateur – sont de tels circuits intégrés.

De façon cruciale, plus il y a de transistors dans un processeur, plus ce dernier peut exécuter des instructions complexes… et plus la machine sera alors rapide pour un grand nombre de tâches. Mieux encore, la faible taille des transistors réduit également leurs besoins énergétiques. Les machines équipées de transistors plus petits effectuent donc plus de calculs pour une même consommation d'énergie.

Bref, avec l'avènement du transistor, puis celle des puces en silicium, la course à la miniaturisation est lancée ! À cette période, les performances des ordinateurs connurent donc une progression phénoménale. En 1965, l'ingénieur américain Gordon Moore (qui sera plus tard l'un des fondateurs de la société Intel, géant de la fabrication de matériel informatique) remarqua que les performances des ordinateurs augmentaient de façon exponentielle. Son observation est désormais appelée la « loi de Moore » (il en existe en fait plusieurs versions, réévaluées et reformulées au cours des années). Il s'agit d'une tendance empirique, impossible à démontrer formellement.

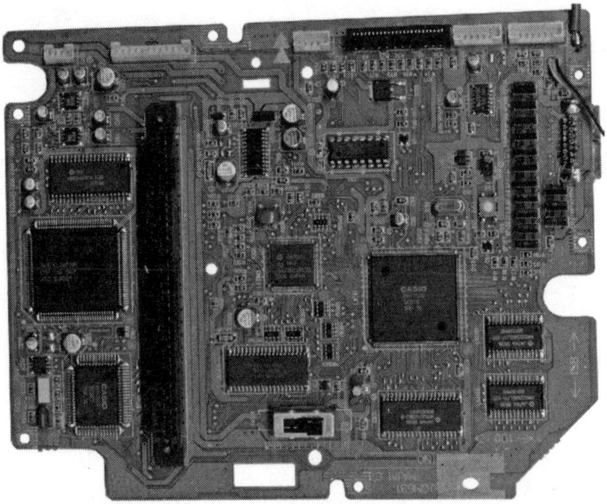

Circuit imprimé avec des puces électroniques contenant de nombreux transistors.

Gordon Moore postula que ce progrès phénoménal perdurerait, et il eut raison. L'évolution des ordinateurs au cours des sept dernières décennies n'a cessé de confirmer sa prédiction, à quelques ajustements près.

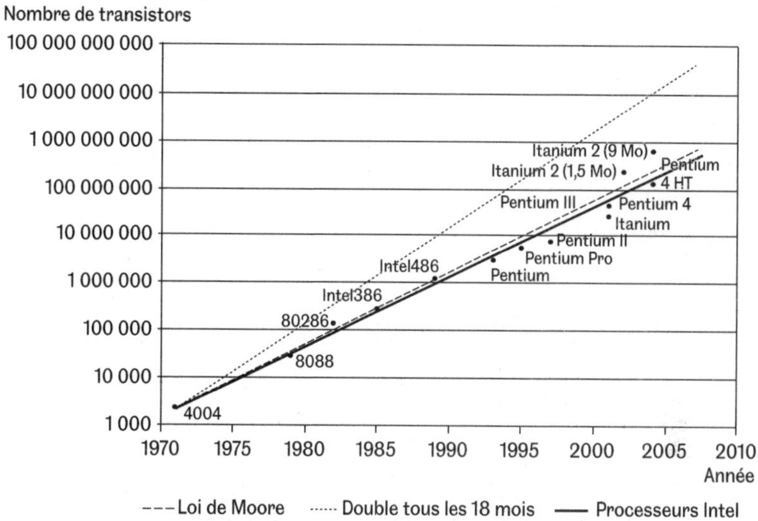

Loi de Moore (dans sa version de 1975): le nombre de transistors sur une puce de silicium double tous les deux ans.

En 1951, un transistor faisait 10 millimètres de large. Vingt ans plus tard, il faisait un centième de millimètre. Aujourd'hui, 100 000 transistors tiendraient dans la largeur d'un cheveu. Fort de cette miniaturisation spectaculaire, un simple smartphone est devenu plusieurs milliards de fois plus rapide que la Bombe de Turing. Tout le travail effectué pendant toute la durée de la Seconde Guerre mondiale, par les quelques 200 Bombes de Turing utilisées pour décoder Enigma, pourrait être réalisé en dix secondes par un smartphone aujourd'hui.

L'EXEMPLE DES ÉCHECS

Pour illustrer l'explosion de la puissance de calcul des machines, il est utile d'analyser leurs progrès dans des tâches précises, par exemple au jeu d'échecs. Pourquoi le jeu d'échecs ? Ce jeu tient une place particulière dans l'imaginaire ; il fut longtemps considéré comme le « roi des jeux ». Probablement né en Inde, son histoire remonte à plus de quinze siècles.

Le jeu des échecs serait ensuite passé en Perse, puis aurait été transmis en Occident par les Arabes. L'expression « échec et mat » viendrait de « *cheikh mat* » en arabe, qui signifie « le chef est mort ». Aujourd'hui encore, être fort au jeu d'échecs est considéré comme la preuve d'une grande intelligence. Il n'est donc pas étonnant que la recherche en informatique se soit donné l'objectif de vaincre l'humain aux échecs.

Les premières tentatives de s'attaquer à ce jeu furent d'ailleurs antérieures à l'informatique. Vers 1770, un inventeur tenta notamment de créer un automate joueur d'échecs, à l'aide d'un mécanisme complexe d'horlogerie : le fameux « Turc mécanique », qui fut ensuite proposé à l'émerveillement des foules. Il s'agissait en fait d'une supercherie, ses mécanismes étant entraînés par un joueur humain caché dans l'appareil.

Une légende du jeu d'échecs

Une légende raconte qu'un roi des Indes, Shirham, ordonna à son conseil d'inventer un jeu pour le distraire. Le sage Sissa lui présenta alors le jeu d'échecs. Satisfait, le roi demanda à Sissa quel cadeau lui ferait plaisir. Ce dernier réclama une récompense en apparence bien modeste : il s'agissait de lui remettre un échiquier avec un grain de riz sur la première case, deux sur la deuxième case, quatre sur la troisième, huit sur la quatrième, seize sur la cinquième, et ainsi de suite jusqu'à la soixante-quatrième.

Berné, le roi ordonna qu'on prépare l'échiquier demandé par Sissa. Il ne connaissait pas la puissance de l'exponentielle, et ne réalisait pas que cela conduirait à la ruine de son royaume ! Sur la dernière case, il faudrait déposer 2^{63} grains de riz, soit 9 milliards de milliards de grains. En y ajoutant les grains de riz sur les autres cases, la récompense de Sissa totalise donc plus de 18 milliards de milliards de grains, bien plus que ce que ne produit l'Inde aujourd'hui. Et pourtant, comme nous allons le voir, ce nombre n'est rien comparé au nombre de parties d'échecs imaginables !

Illustration des grains de riz de Sissa. Les premières cases paraissent contenir très peu de riz, ce qui donne l'impression trompeuse que cela sera aussi le cas des dernières.

« Les machines seront capables de dialoguer et de s'améliorer. Puis, elles devraient prendre le contrôle. »

Alain Turing, 1951

En 1948, Alan Turing, réalisant l'importance de la symbolique de ce jeu, écrivit un algorithme qui joue aux échecs et en simula « à la main » son exécution contre une collègue. L'algorithme était de niveau débutant.

La même année, Claude Shannon (1916-2001) estima que le nombre de configurations possibles du jeu d'échecs était de l'ordre de 10^{120}. Ce nombre est gargantuesque. Il y a plus de parties d'échecs imaginables qu'il n'y a d'atomes dans l'Univers (10^{80}) ! Or, pour vraiment résoudre les échecs, il semble nécessaire d'envisager une fraction importante de ces 10^{120} configurations possibles.

L'immensité de la tâche ne découragea pas les informaticiens. Shannon et d'autres se lancèrent dans le développement d'algorithmes qui calculaient quelques coups à l'avance, en y mêlant des astuces mises à profit par les grands maîtres. Néanmoins, le niveau de ces algorithmes de l'époque restait faible.

En 1968, le Britannique David Levy, classé 500e joueur mondial aux échecs, offrit 1 250 £ (environ 1 500 €) à tout informaticien qui développerait, dans les dix ans à venir, un algorithme capable de le battre. Personne ne releva le défi, et David Levy garda son argent. Fort heureusement pour lui, il ne renouvela pas son pari en 1978… En effet, en 1988, Levy fut battu par

Deep Thought, un algorithme développé par Feng-hsiung Hsu et son équipe de l'université Carnegie Mellon.

Cependant les humains n'avaient pas dit leur dernier mot. Un an plus tard, *Deep Thought* perdit à son tour contre le champion du monde Gary Kasparov. La donne changea à nouveau avec l'intervention du géant américain de l'informatique IBM, qui sponsorisa l'équipe et l'encouragea à améliorer son algorithme en profitant de sa puissance de calcul. Une IA naquit : *Deep Blue*. En 1996, *Deep Blue* réussit le tour de force de battre Garry Kasparov. L'augmentation de la puissance des machines avait fini par avoir raison des champions d'échec humains.

LE JEU DES ÉCHECS EST-IL DUR ?

Depuis, *Deep Blue* a été battue par d'autres algorithmes, notamment *Stockfish* puis *AlphaZero*. Les machines progressent ; elles nous écrasent maintenant aux échecs. Cependant, les humains ne sont pas forcément un bon échelon pour juger de la performance d'un algorithme aux échecs.

En théorie des jeux et en algorithmique, la question que les chercheurs se posent est souvent plus radicale. Il ne s'agit pas de battre les humains ; il s'agit de résoudre le jeu des échecs, c'est-à-dire de déterminer la stratégie optimale. Les machines seront-elles ainsi capables de battre non seulement tout humain, mais aussi tout autre joueur, quelle que soit la stratégie de cet autre joueur ?

En ce sens, résoudre le jeu des échecs est un problème facile. Comme nous l'avons vu dans le chapitre précédent, d'un point de vue algorithmique, on peut considérer qu'un problème est soluble si l'on parvient à décrire un algorithme capable de résoudre ce problème. Or, il existe un algorithme relativement simple pour résoudre le jeu des échecs. En gros, cet algorithme consiste à jouer toutes les parties d'échecs imaginables, et à identifier quelles stratégies sont toujours gagnantes dans ces parties. Bien sûr, l'algorithme est un peu plus complexe que ce que nous venons de décrire ; cependant, à quelques détails techniques près, en utilisant un algorithme appelé *minimax*, il n'est pas particulièrement difficile de décrire un algorithme qui résout le jeu des échecs (c'est l'idée étudiée par Shannon en 1948).

Alors, problème résolu ? Pas vraiment. Si l'on s'accorde à dire que les échecs ne sont pas si simples, ce n'est pas en vertu de la difficulté de décrire un algorithme qui les résout. C'est le fait que le temps d'exécution de l'algorithme est contraint. En compétition surtout, la partie d'échecs se joue dans des délais limités.

Au vu des progrès spectaculaires des machines en puissance de calcul, on pourrait cependant espérer que les échecs finiront par être résolus. Cette prédiction est-elle raisonnable ? La réponse est non. Il a été démontré qu'il existe des variantes des échecs dont la résolution exige un temps de calcul exponentiel. Autrement dit, il n'y a pas de façon maline de résoudre les échecs.

Si l'on peut démontrer que la résolution des échecs est ardue, c'est parce que vérifier qu'une stratégie aux échecs est gagnante est elle-même une tâche difficile. Imaginez que cette stratégie soit écrite sur un bout de papier. Comment feriez-vous pour vérifier que celle-ci gagne tout le temps ? On peut montrer que la seule façon d'y arriver consiste essentiellement à tester toutes les stratégies contre cette stratégie gagnante. Or ce test nécessite de jouer une énorme portion du nombre colossal des différentes parties imaginables. Un tel problème dépasse les facultés des machines.

LE CASSE-TÊTE DU SUDOKU

Ces questions que nous venons de poser sur le jeu d'échecs constituent un sous-domaine de l'informatique théorique appelé « théorie de la complexité ». Elles sont loin d'être futiles.

Des mathématiciens très sérieux se sont ainsi penchés sur le jeu de sudoku. Comme chacun sait, ce jeu consiste à remplir une grille de 9 par 9 avec des chiffres entre 1 et 9, en satisfaisant certaines contraintes, comme le fait qu'aucune ligne ou colonne ne contienne deux fois le même chiffre.

Comme le jeu d'échecs, le sudoku est soluble de manière algorithmique. En effet, il suffit de tester tous les remplissages de grille possibles. Cependant, à l'inverse des échecs, il est relativement aisé de vérifier qu'une solution proposée pour une grille de sudoku est valide. Il suffit de vérifier que les contraintes du sudoku sont toutes satisfaites. Cette vérification se fait rapidement.

5	3			7				
6			1	9	5			
	9	8					6	
8				6				3
4			8		3			1
7				2				6
	6					2	8	
			4	1	9			5
				8			7	9

Grille de sudoku. Toutes les cases doivent être remplies avec un chiffre entre 1 et 9. De plus, aucune ligne, colonne ou sous-carré ne peut contenir deux fois le même chiffre.

Un problème dont on peut vérifier la solution rapidement est appelé « problème NP ». On mesure de cette façon la simplicité du problème. Le sudoku est un problème NP, car il est suffisamment « facile » pour qu'il existe un algorithme de vérification rapide.

Sachant que le sudoku est un problème NP, il n'est pas certain que ce jeu demeurera hors de portée des machines. Quel sera le temps de calcul nécessaire pour résoudre un sudoku ? Il y a environ $(9\times9)^9$ remplissages possibles de la grille. L'algorithme qui testera tous les remplissages possibles nécessitera ainsi de l'ordre de $(9\times9)^9 \approx 10^{17}$ étapes de calcul. Pour une grille de taille *n* par *n*, le nombre de calculs sera de l'ordre de n^{2n}. Le nombre d'étapes de calcul augmente donc de façon exponentielle avec le nombre *n* de cases de la grille.

Toutefois il s'agit là de la performance d'un algorithme naïf. Il se pourrait qu'il existe un algorithme beaucoup plus efficace. Et c'est même l'une des questions les plus prestigieuses de l'informatique moderne : le problème P versus NP.

P VERSUS NP

De quoi s'agit-il ? Ce problème est crucial car il revient à tracer la frontière entre le « possible en pratique » et le « déraisonnable en pratique », et en particulier entre les problèmes « solubles en pratique » et ceux qui ne le sont pas. Pour des raisons techniques, dans le premier cas, on parle de « complexité polynomiale ». Dans le second, on parle de « complexité sur-polynomiale », qui inclut typiquement les algorithmes dont le temps de calcul est exponentiel. Dans ce livre, comme c'est aussi le cas dans les discussions informelles entre informaticiens, nous parlerons plus simplement de problèmes « faciles » et de problèmes « difficiles ».

Grosso modo, un problème est donc facile s'il existe un algorithme qui le résout toujours rapidement. À l'inverse, un problème est difficile si aucun algorithme n'est capable de le résoudre toujours rapidement.

Il existe de nombreux problèmes dont on a démontré la facilité. Par exemple, effectuer une addition, trier un tableau, jouer une vidéo ou reconnaître des chats avec un taux de succès de 90 % sont des problèmes « faciles » au sens de la théorie de la complexité, puisqu'on a réussi à concevoir des algorithmes rapides pour résoudre ces problèmes. De tels problèmes sont appelés problèmes P.

Il existe également des problèmes dont on a démontré la difficulté. Par exemple, on a démontré que des généralisations des jeux d'échecs, de dame et de go sont difficiles. Toute résolution de ces jeux nécessitera forcément des temps de calcul qui augmentent exponentiellement avec la taille du plateau de jeu.

Cependant il existe encore énormément de problèmes pour lesquels on n'a pas réussi à déterminer s'il s'agissait de problèmes faciles ou difficiles. Et c'est le cas des problèmes NP comme celui du sudoku.

Par définition, tout problème de la classe P fait partie de NP. Mais les contours de la classe NP nous échappent : est-elle plus grande que la classe P, ou est-elle équivalente ? Aujourd'hui, on ne sait pas si les problèmes NP sont en fait faciles. En ce cas, on aurait P = NP.

De façon stupéfiante, les informaticiens ont démontré qu'il suffirait de trouver un algorithme rapide qui résout le sudoku pour démontrer P = NP (on dit que le sudoku est un problème NP-complet). Autrement dit, il vous suffit de trouver une méthode astucieuse pour le sudoku, et vous deviendrez une célébrité mondiale !

Tout d'abord vous recevrez une récompense d'un million de dollars, car le problème P versus NP a été listé parmi les 7 problèmes du millénaire par le Clay Institute of Mathematics en 2000. Et ce million sera une bien maigre somme si on la met en regard avec les innombrables offres d'emploi aux salaires pharaoniques que promet une résolution de P versus NP. Résoudre P versus NP, c'est sans doute s'offrir un statut comparable à celui de Newton, Einstein ou Turing.

Si P ≠ NP

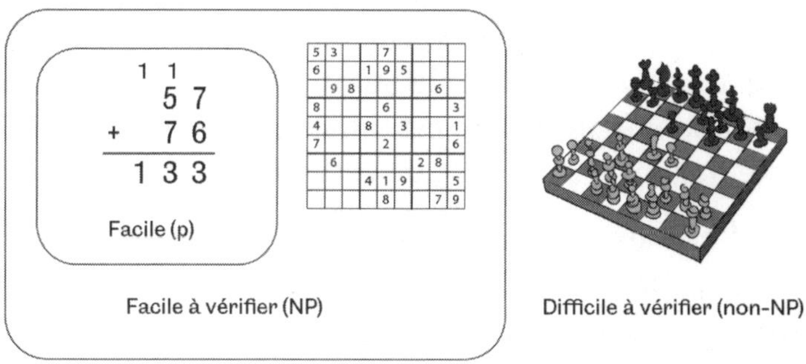

Si P ≠ NP

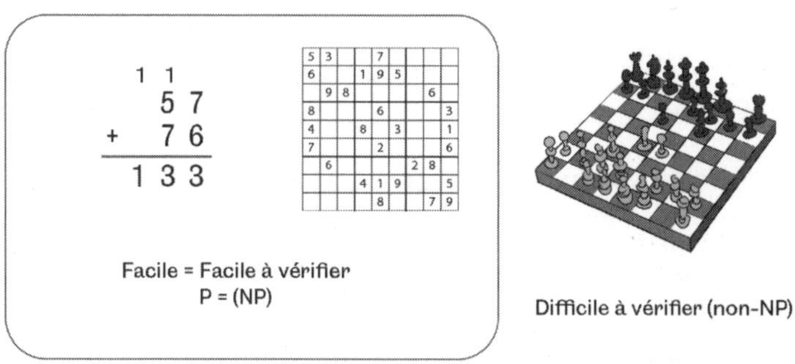

Différentes classifications entre les difficultés de divers problèmes, selon P ≠ NP ou P = NP.

> « Si P = NP, alors le monde est un endroit profondement différent de ce qu'on imagine. »
> Scott Aaronson

Avant de bondir chez le buraliste pour acheter un recueil de sudokus, sachez que de nos jours, l'écrasante majorité des informaticiens doutent de l'existence de cette méthode astucieuse. Ils conjecturent au contraire que P ≠ NP. Autrement dit, ils pensent qu'il existe des problèmes pour lesquels vérifier la validité d'une proposition de solution est facile, mais pour lesquels trouver une solution rapidement est difficile. Trouver serait fondamentalement plus dur que vérifier.

Voici ce que l'informaticien Scott Aaronson a écrit au sujet de cette question fondamentale en 2006 : « Si P = NP, alors le monde est un endroit profondément différent de ce qu'on imagine habituellement. Il n'y aurait aucune valeur spécifique au "saut créatif", aucun fossé séparant le fait de résoudre un problème et celui de reconnaître la validité d'une solution trouvée. Tous ceux capables d'apprécier une symphonie seraient Mozart ; tous ceux capables de suivre un raisonnement étape par étape seraient Gauss. »

Pour Aaronson comme pour d'autres, le problème P versus NP n'est pas seulement un énoncé mathématique ésotérique. Il touche à la nature même de la réalité, en définissant ce qu'il est possible, ou non, de réaliser dans notre monde. Sa résolution serait une avancée majeure dans notre compréhension de l'Univers.

VERS LE CALCUL RÉPARTI

Revenons à des considérations plus prosaïques sur la puissance de calcul des ordinateurs. Dans les pages précédentes, nous avons laissé entendre que les progrès exponentiels des machines allaient perdurer. Mais cette hypothèse est-elle justifiée ?

Aujourd'hui, un transistor est à peine quelques dizaines de fois plus gros qu'un atome. Il sera difficile de continuer à faire beaucoup plus petit. La loi de Moore atteint ses limites. Mais cela ne veut pas forcément dire que les performances des systèmes informatiques ne vont pas continuer leur folle progression.

Depuis plusieurs décennies, l'accroissement de puissance des ordinateurs vient aussi de leur mise en réseau et de la démultiplication de leurs capacités. Il ne s'agit pas ici d'augmenter le nombre de transistors à l'intérieur d'un processeur, mais d'augmenter le nombre de processeurs, ou plus généralement le nombre de machines qui travaillent en réseau au sein du même système informatique pour lui permettre d'aller plus vite et de traiter un plus grand nombre de données. Cette mise en réseau des machines a été motivée par deux besoins.

Le premier a été la tolérance aux défaillances. Au lendemain de la Seconde Guerre mondiale, les Américains avaient compris la puissance du numérique et commençaient à stocker leurs informations cruciales dans des ordinateurs. Mais ils ont pris peur quand ils ont compris que les Soviétiques, qui étaient certes en retard dans le domaine du numérique, étaient en avance sur la balistique. Les Américains craignaient que des fusées soviétiques ne viennent détruire leurs installations informatiques.

Les Américains ont alors lancé un projet de recherche qui a abouti à la conception des réseaux dans les années 1960. Ainsi, les mêmes informations cruciales pouvaient être dupliquées sur plusieurs ordinateurs, géographiquement distants, mais reliés par un réseau. À chaque fois que ces informations étaient mises à jour sur une machine, la mise à jour se propageait sur les autres. Si l'une des machines était bombardée, disons sur la côte est, celle sur la côte ouest pouvait continuer à fonctionner.

Cette capacité de mettre en réseau les ordinateurs a généré ce qu'on appelle désormais l'« Internet ». L'Internet a permis entre autres de créer des services comme la toile (le web), mais aussi ce que l'on appelle l'informatique en nuage (le *cloud computing*). Grâce à l'Internet, des tâches peuvent être exécutées sur un très grand nombre d'ordinateurs, pour gérer un très grand volume de données en continu. Google répond ainsi à presque 4 millions de requêtes par minute, alors que YouTube diffuse près de 5 millions de vidéos pendant ce même intervalle de temps.

Il est alors crucial que Google et YouTube réagissent rapidement. Leurs clients sont devenus très exigeants. Mieux encore, leur service doit perdurer, et ce malgré la défaillance inéluctable de certains ordinateurs de leurs immenses centres de données. Google et YouTube doivent être robustes aux pannes de certaines de leurs machines.

Le second besoin est celui de la puissance de calcul. Dans les années 2000, la chaleur générée par les transistors, compactés en très grand nombre dans un petit espace, devenait trop importante. Les concepteurs de matériel informatique ont dû innover. Au lieu d'augmenter la densité de transistors, ils ont opté pour des architectures mettant en jeu plusieurs processeurs travaillant en parallèle. Ces architectures sont appelées « multiprocesseurs » (ou « multicœurs »).

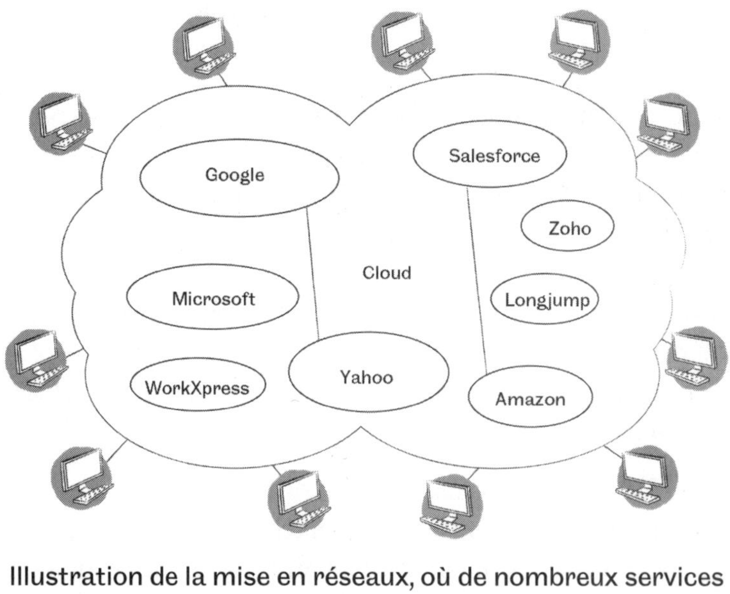

Illustration de la mise en réseaux, où de nombreux services interagissent pour servir au mieux les ordinateurs des clients.

Bien entendu, cette solution passe par la conception d'algorithmes adéquats. Au prix de cet effort, les concepteurs ont réussi à maintenir l'ascension fulgurante des performances des ordinateurs.

Aujourd'hui, les systèmes informatiques sur lesquels s'exécutent les algorithmes d'IA sont un ensemble d'architectures parallèles connectées par des réseaux.

P VERSUS NC

L'émergence de l'algorithmique répartie s'accompagne également d'une théorie de la complexité sur les facultés d'un réseau d'ordinateurs, par opposition à un ordinateur seul. Le plus prestigieux problème ouvert de cette théorie est le problème P versus NC.

Qu'est-ce que la classe NC ? Pour le comprendre, revenons à la classe P : un problème P, qu'on a considéré plus haut comme « facile », ne l'est pas forcément quand il s'agit d'analyser des milliards de données. Bien souvent, à l'instar d'une lecture en diagonale, il est préférable d'avoir des algorithmes capables de résoudre des problèmes d'analyse de données en un temps beaucoup plus faible que le nombre de données. On parle d'algorithmes « sous-linéaires ».

Dans certains cas, il est possible d'y arriver en répartissant les calculs sur plusieurs machines. Un tel problème sera appelé NC. De façon un peu plus précise, un problème est NC si, lorsqu'on dispose d'un très grand nombre de machines, il devient possible de résoudre le problème quasi-instantanément.

> « Nous sommes certains que les machines peuvent être aussi intelligentes que les humains. »
>
> Yann Le Cun, 2019

Il est assez aisé de montrer que tout problème NC, c'est-à-dire soluble quasi-instantanément avec un grand nombre de machines, est un problème P, c'est-à-dire soluble assez vite avec une seule machine. Mais considérons le cas inverse. Supposons qu'un problème puisse être résolu assez vite avec une seule machine. Peut-il être résolu quasi-instantanément avec plusieurs machines ? Bref, tout problème P est-il un problème NC ?

Il s'agit d'une question fondamentale sur la possibilité de paralléliser un calcul. D'une certaine manière, si P est différent de NC, c'est que l'aspect séquentiel d'un calcul ou d'un raisonnement est une propriété incompressible. En particulier, certaines tâches ne gagneraient jamais à être réparties entre plusieurs travailleurs. Le problème P versus NC pourrait également avoir des conséquences majeures sur les performances des machines.

Aujourd'hui, il semble que la plupart des informaticiens conjecturent que la réponse à cette question est non ; ils pensent que $P \neq NC$. Certains calculs seraient ainsi fondamentalement séquentiels ; il serait nécessaire d'enchaîner un grand nombre d'étapes de calcul pour aboutir à une solution.

À l'instar d'Aaronson, on peut justifier cette intuition en la reliant avec nos observations de l'état du monde. En effet, il semble que si P = NC, le monde pourrait être assez différent de celui que nous connaissons. On pourrait aisément répartir les tâches entre de nombreux utilisateurs pour les résoudre quasi-instantanément. Par ailleurs, il y aurait peu à gagner à disposer d'experts travaillant longuement et durement sur des points précis pour affiner leur expertise.

Comme dans le cas du problème P versus NP, nous gagnerions beaucoup à résoudre le problème P versus NC, que ce soit pour améliorer nos technologies, ou pour mieux comprendre le champ des possibles admis par notre Univers.

LES MACHINES DU FUTUR

Aujourd'hui, les supercalculateurs effectuent quelques millions de milliards d'opérations par seconde pendant plusieurs heures. Leurs progrès sont néanmoins freinés par la chaleur qu'ils dégagent, ainsi que par les effets quantiques qui limitent la miniaturisation de leurs composants. Tandis que ces supercalculateurs se rapprochent des limites de la physique, des approches radicalement différentes pointent leur nez.

D'un côté, on observe la prolifération d'unités de calculs spécialisées dans certaines tâches répétitives et très précieuses. C'est typiquement le cas des calculateurs appelés GPU et TPU, utilisés intensivement pour les traitements d'image ; les GPU sont d'ailleurs couramment appelés « cartes graphiques ». Plus récemment, ces calculateurs ont aussi été adaptés au calcul très spécifique des réseaux de neurones artificiels.

De façon plus radicale encore, certains chercheurs essaient d'abandonner l'architecture habituelle des ordinateurs, appelée « architecture de von Neumann », qui sépare la gestion de la mémoire et celle des unités de calcul. Ils étudient une nouvelle piste, appelée « neuromorphique » : l'idée est de s'inspirer grossièrement du cerveau humain, qui a la particularité de stocker la mémoire, non pas dans un espace mémoire dédié, mais directement dans la manière dont les neurones sont reliés.

L'ordinateur neuromorphique SyNAPSE, développé par IBM dans le cadre d'un projet DARPA. L'architecture de calcul est optimisée pour le calcul des réseaux de neurones artificiels. Sur la photographie ci-dessus, on peut voir quatre « niveaux de neurones ».

L'avènement de nouveaux matériaux, avec par exemple une mémoire à changement de phase, pourrait permettre cette transition vers de nouvelles architectures de calcul, et rendre ainsi possibles des calculs plus efficaces et moins coûteux en énergie – tout en réalisant potentiellement les calculs les plus prometteurs pour les IA du futur, à savoir les calculs des réseaux de neurones artificiels.

Enfin, il existe une approche plus révolutionnaire encore, qui s'appuie sur les bizarreries de la mécanique quantique. Nous y reviendrons dans le chapitre 7.

Avant d'aborder ces perspectives plus futuristes, pour mieux comprendre ce qui peut rendre les IA encore plus puissantes, il semble utile de parler de la difficulté de dialoguer avec les machines, et de l'importance de l'apprentissage-machine pour la simplification de ce dialogue.

CHAPITRE 4

LE CODE DE L'INTELLIGENCE

En développant sa machine universelle, Turing posa les fondements de nouveaux langages, à la fois plus complets et moins ambigus que tous ceux que l'on connaît. C'est en décortiquant les propriétés des langages algorithmiques que Turing en vint à une étonnante conclusion : les IA capables de réaliser des tâches cognitives complexes ne pourront pas être programmées directement. Pour être performantes, elles devront être capables d'apprendre « toutes seules ».

L'AMBIGUÏTÉ DU LANGAGE

Selon l'informaticien Donald Knuth, « la science est ce que nous comprenons suffisamment pour l'expliquer à un ordinateur. L'art est tout ce que nous faisons d'autre ».

« La science est ce que nous comprenons suffisamment pour l'expliquer à un ordinateur. L'art est tout ce que nous faisons d'autre. »
Donald Knuth

Derrière cette citation provocatrice se cache une idée fondamentale : il faut tout expliquer aux machines. Une machine universelle de Turing n'a aucune connaissance préalable. Elle n'a pas de sens commun. Elle est incapable de résoudre seule une ambiguïté. Par exemple, si l'on demande à un robot-assistant s'il peut nous passer le sel, il pourrait nous répondre « oui » au lieu de tendre la salière.

Voilà qui ne facilite pas la communication avec un ordinateur ! N'espérez pas lui ordonner de réserver vos prochaines vacances, et obtenir le résultat souhaité, sans lui avoir fourni plus de précisions. Pour qu'un ordinateur fasse ce qu'on attend de lui, il faut lui indiquer précisément, pas à pas, la suite d'instructions à suivre. L'ordinateur est idiot.

Cette idiotie est aussi une bénédiction cachée. En étant suffisamment explicite dans les instructions qu'on fournit à une machine, on garantit qu'elle fera exactement ce qu'on lui dit de faire. Ni plus, ni moins. Contrairement à un humain, la machine n'interprétera jamais nos instructions de travers, ne prendra pas d'initiative malencontreuse, et ne fera jamais de contresens.

C'est cet aspect qui rend la citation de Knuth si intéressante. Pour être fiable, la science semble nécessiter une clarification au-delà de toute ambiguïté. Cette condition semble incompatible avec le langage dit « naturel », celui que nous employons tous les jours – qu'il s'agisse de l'anglais, du français ou de la langue des signes. L'utilisation de ces langages lors de conversations conduit inéluctablement à des situations de quiproquo. Pour vous en convaincre, songez combien la définition d'un mot semble constamment osciller d'une personne à l'autre. Le mot « canard », par exemple, change radicalement de sens selon qu'on veuille le lire, le boire ou le manger.

A contrario, pour communiquer avec les machines, les informaticiens ont développé des langages qui ne laissent aucune ambiguïté.

LES LANGAGES DE PROGRAMMATION

Les langages que parlent les machines sont appelés tout simplement « langages machines ». Ces langages correspondent typiquement aux symboles écrits sur le ruban qu'on fournirait à une machine de Turing universelle. Dans nos ordinateurs modernes, ces symboles sont des 0 et des 1 manipulés par la machine (par son processeur).

Un langage machine est donc une suite de 0 et de 1. De façon cruciale, chaque suite de 0 et de 1 dicte très précisément toutes les étapes de calcul que la machine doit effectuer. De ce fait, par construction, une machine dont le code à exécuter est précisé sera purement mécanique et déterministe.

Cependant le langage machine est très difficile à lire, à comprendre et à écrire. Les informaticiens eux-mêmes seraient bien embêtés s'il leur fallait écrire dans le langage machine l'algorithme de l'addition des nombres que nous avons décrit en début d'ouvrage.

Pour simplifier l'écriture de programmes à exécuter par les machines, les informaticiens ont conçu des langages de plus haut niveau appelés « langages de programmation » comme Basic, Fortran, C, C++, Java, Javascript, Scala et Python. Ces derniers font l'intermédiaire entre les langages machines des ordinateurs et le langage naturel. Pour être de bons intermédiaires, ils doivent être suffisamment compréhensibles pour des humains. Mais ils doivent aussi et surtout pouvoir être compris par les machines.

Pour garantir que ce deuxième point sera satisfait, les informaticiens accompagnent leurs langages de programmation de compilateurs. Un compilateur est un algorithme dont la tâche est de traduire un code, écrit en langage de programmation, en langage machine. Un compilateur est donc un interprète homme-machine.

Un bon langage de programmation est alors un langage relativement lisible pour un humain entraîné, mais qui est aussi et surtout compilable. Autrement dit, il doit exister une traduction formelle des expressions de ce langage de programmation en langage machine. Cette règle rend les langages de programmation des langages particulièrement fascinants d'un point de vue philosophique. Grâce à ces langages, les humains s'expriment de manière relativement naturelle, tout en s'assurant de l'absence de contresens – en tout cas si le langage est ensuite interprété par un compilateur et une machine.

Quand un code écrit dans le langage Java est fourni à un ordinateur, l'ordinateur applique méticuleusement les instructions associées à ce code. Il le fait à la virgule près. Littéralement. Si une virgule est mal placée, l'ordinateur bronche et déclare le code invalide – ou exécute une instruction différente de celle où la virgule est bien placée.

LES LANGAGES TURING-COMPLETS

Dans l'ensemble des langages de programmation, il existe une sous-classe de langages particulièrement intéressante, à savoir les langages Turing-complet. Un langage est Turing-complet si et seulement si ce dernier est capable d'exprimer tout algorithme calculable par une machine de Turing, c'est-à-dire tout algorithme. De façon équivalente, on peut prouver qu'un langage est Turing-complet en montrant que toute machine de Turing peut être décrite dans le langage en question.

La plupart des langages de programmation couramment utilisés comme le Python et le Basic sont Turing-complet. De façon cruciale, parce qu'ils sont Turing-complets, tous ces langages permettent de décrire les mêmes algorithmes. Plus précisément, tout code écrit en Basic est traduisible en un code écrit en Python, et vice-versa. Il existe même des compilateurs capables de traduire les codes écrits dans un langage Turing-complet en des codes écrits dans un autre langage Turing-complet. Ces langages sont donc universels.

Certains langages sont conçus pour ne pas être Turing-complet, comme le langage SQL (Structured Query Language) qui gère des requêtes dans des bases de données. La rigidité de ces langages minimise les risques d'erreur de programmation. Elle réduit aussi le champ d'action potentiel pour des utilisateurs malveillants. Enfin, elle permet aux ingénieurs d'optimiser les compilateurs et les machines pour l'exécution des codes autorisés par ces langages.

LA RÉVOLUTION DES LANGAGES FORMELS

À bien y réfléchir, l'existence de langages Turing-complet est absolument remarquable. Leur élaboration constitue l'aboutissement de siècles de recherches en mathématique, en logique et en philosophie du langage. Ces recherches, initiées dès l'Antiquité par Euclide, ont pris leur essor à partir de la fin du XIXe siècle grâce à des philosophes logiciens comme Gottlob Frege, Giuseppe Peano, Bertrand Russell, Ludwig Wittgenstein, Kurt Gödel, Alonzo Church, et bien sûr Alan Turing.

Pour développer un langage formel sans ambiguïté, ces chercheurs ont longtemps dû manipuler des formules ésotériques, notamment fondées sur la logique du premier ordre. On y exprime des propositions de ce type : « pour toute grande ville de France, il existe une avenue, une rue ou une place Charles de Gaulle ». Cependant, contrairement à l'exemple que l'on vient de donner, la logique du premier ordre repose sur un langage formel, dont les phrases ressemblent plutôt à « $\forall n \exists p \exists q \forall a \forall b$ $(n+n=p+q) \wedge \neg(SSp=SSa\times SSb \vee SSq=SSa\times SSb)$ », comme on l'a vu dans le second chapitre. Ce langage abstrait était toutefois extrêmement rebutant. Il fallait être logicien pour y voir un quelconque intérêt, et vérifier l'absence d'ambiguïté.

« Des modèles simples et beaucoup de données battent des modèles plus élaborés avec moins de données. »

Peter Norving, 2009

Jusqu'en 1936, il ne semblait pas dit que tous ces langages formels seraient unifiés par la machine de Turing. On semblait disposer de nombreux langages nécessairement différents, avec chacun ses avantages et ses inconvénients. Pire encore, il n'était pas improbable que ces langages soient incompatibles.

L'universalité de la machine de Turing et l'existence de la Turing-complétude pour les langages de programmation ont établi ce qui semblait impossible. Oui, il existe toute une classe de langages différents, riches, et pourtant équivalents. Mieux encore, si l'on en croit la thèse de Church-Turing, ces langages décrivent exactement l'ensemble des algorithmes, c'est-à-dire l'ensemble de ce qui est possible d'expliquer à une machine de Turing universelle.

L'émergence des langages de programmation a eu un effet plus impressionnant encore. Elle a conduit à une stupéfiante démocratisation des langages formels, autrefois réservés à une poignée de mathématiciens, de logiciens et de philosophes. Désormais, ce sont des millions d'étudiants, de chercheurs et de développeurs à travers le monde qui sont capables de parler un langage formel comme le Java ou le Python. Une véritable révolution philosophique et conceptuelle ! Grâce aux langages de programmation, il est devenu courant qu'une fraction importante de Terriens s'expriment sans aucune ambiguïté.

Il y a fort à parier que cette utilisation quotidienne de tels langages modifie en profondeur la manière dont ces étudiants, ces chercheurs et ces développeurs pensent. Certains parlent même de « pensée algorithmique » pour décrire cette nouvelle façon de construire les idées à l'aide des langages de programmation. Cette pensée algorithmique semble conduire à plus de clarté et de pédagogie, puisqu'elle revient à expliquer à une machine idiote, pas à pas, ce qu'elle doit faire.

Vous êtes dubitatifs ? Tout lecteur du roman *1984*, de George Orwell, a déjà réfléchi à cette intrication profonde entre pensée et langage : l'auteur y décrit comment un langage appauvri, la novlangue, imposé aux habitants par un régime autoritaire, qui parvient à restreindre l'étendue de la pensée et à étouffer toute contestation. Le langage façonne notre pensée, pour le meilleur ou pour le pire.

Certains craindront peut-être des dérives ; mais la démocratisation de la pensée algorithmique semble surtout offrir des opportunités incroyables. S'habituer à parler un langage de programmation, ou une approximation d'un langage de programmation appelée « pseudo-code » (aujourd'hui enseigné dès l'école primaire), semble surtout très instructif. Cette compétence semble même fondamentale pour cultiver une certaine méfiance devant des raisonnements approximatifs, et encourager la quête de la clarté.

Langage naturel	Langage de pseudo-code	Langage de programmation	Langage machine

Le signe d'un nombre est égal à un si le nombre est positif, à zéro s'il est nul et moins un s'il est négatif.	signe(x) :
	si x est positif
	retourner +1,
	si x est négatif
	retourner -1
	sinon (x=0)
	retourner 0
		def signe(x):
		ifx>0:
		return 1
		elif x<0:
		return -1
		else:
		return 0
			00010100
			11011011
			11101010
			11010111
			01010111
			11110110

Presque toujours ambigu, non-compilable. Mais lisible.	*quasi-précis, non-campilable, lisible pour l'humain entraîné*	précis, compilable, semi-lisible pour l'humain	précis, exécutable, illisible pour l'humain

Les différents types de langages utilisés en informatique, avec leurs avantages et inconvénients. Habituellement, l'informaticien commence à formuler ses idées en langage naturel, et va ensuite chercher à aboutir à un code en langage machine, en traduisant son code de la droite vers la gauche.

ET LE CERCLE FUT

Pour illustrer la pensée algorithmique, posons-nous une question d'apparence triviale. Qu'est-ce qu'un cercle ?

Nous avons spontanément envie de répondre qu'un cercle est un objet plat et parfaitement rond. Mais rappelons-nous cependant la citation de Knuth, « la science est ce que nous comprenons suffisamment pour l'expliquer à un ordinateur ». Un ordinateur ne sait pas, a priori, ce qu'est un objet rond.

Pour préciser un concept, le mathématicien introduit souvent une définition géométrique ou algébrique. Il répondra ainsi qu'un cercle est constitué de l'ensemble des points se trouvant à une distance donnée d'une origine. Ou il dira qu'il s'agit de l'ensemble des points dont les coordonnées (x; y) dans un repère orthonormé sont solutions d'une équation de la forme $x^2 + y^2 = 1$.

Ces définitions ne correspondent pas encore tout à fait à un code algorithmique. Selon le langage de programmation et la méthode choisie, il existe plusieurs manières de formaliser la notion de cercle.

En programmation dite « orientée objet », il est commun d'associer une structure de données à chaque type d'objet. Ainsi, on définira le type « cercle » comme un ensemble d'objets déterminés par trois paramètres. Les deux premiers paramètres décriront par exemple les coordonnées du centre du cercle ; le troisième paramètre sera le rayon du cercle (ou son diamètre).

Chaque type s'accompagne usuellement de méthodes associées à sa manipulation. Pour notre type « cercle », on cherchera par exemple à déterminer si un point appartient à un cercle donné. Cette question correspond à un algorithme qui prend en entrée le point de coordonnées (x, y) et le cercle C, et qui répond si oui ou non, le point appartient au cercle.

En appelant *x(C)* et *y(C)* les coordonnées du centre du cercle C, et *rayon(C)* son rayon, on peut décrire un tel algorithme comme suit, en pseudo-code :

```
Pour déterminer si le point (x,y)
appartient au cercle C:
```

```
Si (x-x(C))²+(y-y(C))² = rayon(C)²,
retourner «oui»;
sinon retourner «non».
```

Pour vérifier si le point *(x,y)* appartient au cercle, l'algorithme teste d'abord si la distance entre ce point et le centre du cercle est égale au rayon du cercle, c'est-à-dire si $(x - x(C))^2+(y - y(C))^2 = rayon(C)^2$. Si c'est le cas, il répondra « oui ». Sinon, il répondra « non ».

En programmation orientée objet, définir le cercle revient à construire une structure de données qui identifie le cercle, puis toutes sortes de méthodes pertinentes à la manipulation des cercles. Comme notamment l'algorithme qui détermine si un point appartient au cercle.

Grâce aux langages de programmation, les définitions fournies sont rigoureuses ; elles peuvent être décortiquées et analysées mathématiquement.

APPELER UN CHAT UN CHAT

L'exemple du cercle est un peu trompeur, car le cercle est un objet simple. Ce n'est pas le cas de la plupart des concepts du langage naturel, même familiers. Réfléchissons par exemple à la notion de « chat ». Comment reconnaître un chat ?

Le *Larousse* en ligne définit le chat comme étant un « mammifère carnivore (félidé), sauvage ou domestique, au museau court et arrondi ». Une telle définition est impénétrable pour une machine, comme pour tout logicien ou tout individu n'ayant jamais vu de chat. Pire, de nombreux mots utilisés dans cette définition semblent plus complexes encore que le mot qu'ils définissent. Qu'est-ce qu'un mammifère ou un carnivore ? Et pour vérifier qu'un animal est un chat, faut-il vraiment assister à une mise bas et surveiller le contenu de sa gamelle ?

Voilà qui soulève une problématique curieuse. Alors que chacun d'entre nous est intimement persuadé de savoir ce qu'est un chat, il nous est difficile de définir ce qu'est un chat. Nous *savons,* sans pouvoir *décrire* notre savoir.

Ceci est-il un chat? Mais surtout, comment savez-vous s'il y a un chat sur cette photographie? Sauriez-vous décrire l'algorithme que vous utilisez pour déterminer s'il y a un chat dans cette image?

Cette difficulté est fascinante ; elle suggère que nous disposons dans nos cerveaux de structures pour reconnaître, penser et manipuler le concept de chat. Nous sommes capables instinctivement de reconnaître un chat dans une image, mais nous ne savons pas *comment*. En termes algorithmiques, cette situation souligne la différence fondamentale entre la simple exécution d'un algorithme et la description de son code. Nous parvenons à exécuter l'algorithme de détection de chat qui se trouve dans nos cerveaux, mais il nous est impossible de décrire cet algorithme.

Cette distinction est particulièrement importante à faire dans le cadre des sciences afin d'aiguiser son esprit critique. Il nous arrive souvent d'être persuadés d'une chose sans être capable de décrire le raisonnement logique qui nous a conduits à cette conclusion. Cette opacité des algorithmes exécutés par nos cerveaux, y compris vis-à-vis de nos propres cerveaux, devrait sans doute être une source de scepticisme envers nos propres intuitions.

La distinction entre le savoir et la « méthode pour savoir » devient cruciale dès lors qu'il s'agit de comprendre dans quelle mesure les algorithmes fonctionnent, dans quels cas ils perdent de leur validité, et comment les améliorer. Cette distinction devient encore plus capitale quand il faut expliquer ou enseigner des savoir-faire. Un élève qui *sait* faire des additions peut être incapable d'*expliquer* comment il y arrive – et encore plus incapable d'expliquer la validité de ses calculs. Cette ignorance est autrement plus embêtante quand il s'agit de concepts plus sophistiqués et plus controversés que les additions.

Par exemple, dans le domaine du droit ou de la santé, il semble désirable que le savoir-faire des juristes et des médecins soit aussi clarifiable et clarifié que possible, au point d'en obtenir des algorithmes. Lorsque ce savoir-faire est transcrit sous forme de faits et de règles, on retrouve le principe des systèmes experts, dont nous avons parlé dans le premier chapitre.

Bref, de façon générale, il semble que s'exercer à décrire nos savoir-faire dans des langages de programmation, ou dans des langages de pseudo-codes, soit utile pour nous permettre de mieux comprendre pourquoi l'on sait ce que l'on sait !

LA COMPLEXITÉ DE SOLOMONOFF

Hélas, il nous sera probablement impossible de décrire tous nos algorithmes inconscients dans un langage de programmation. Revenons-en à l'exemple du chat : selon la pensée algorithmique, pour définir ce qu'est un chat, il nous faudrait définir une structure algorithmique qui paramètre l'ensemble des chats (leur couleur, leur pelage, leur taille, etc.), de la même manière que nous avons paramétré les cercles. De plus, il faudrait accompagner cette structure de procédures capables de manipuler le concept de chat. Typiquement, une méthode incontournable serait un algorithme qui identifie les chats sur une image donnée.

Il s'agit là d'une tâche longtemps reconnue comme nécessitant des facultés cognitives de haut niveau. De nombreux chercheurs ont tenté de la résoudre, en vain. Il y a une bonne raison à cela. Il est vraisemblable que toute détection satisfaisante d'un chat dans une image nécessite un algorithme extrêmement complexe à décrire.

Dans la même veine, les captchas nous proposent de trouver des feux de signalisation, des voitures et des textes sur une photo. Démontrer qu'on est un humain, et pas une machine, revient à trouver ces objets. Cela est facile pour un humain. Pour un algorithme, cette tâche est encore difficile.

En fait, un tel algorithme pourrait nécessiter une description de quelques millions de lignes de code. Cette constatation revient à dire que la complexité de Solomonoff[7] (aussi appelée « complexité de Kolmogorov » ou « complexité algorithmique »[8]) de la détection de chat, c'est-à-dire la taille minimale du code nécessaire, est de l'ordre du méga-octet.

À titre de comparaison, le livre que vous êtes en train de lire contient autour d'un méga-octet de texte. En un sens, ce livre est donc plus simple que toute définition de ce qu'est un chat. Ou encore, le logiciel de navigation qui a guidé les hommes sur la Lune en 1969 remplissait une quinzaine de gros volumes. Comme l'illustre la photo p. 112, cette pile de volumes est aussi grande que la directrice du logiciel du programme spatial Apollo, la brillante informaticienne Margaret Hamilton (née en 1936) !

Pendant des décennies, les algorithmes conçus par les chercheurs pour détecter des chats n'ont cessé de croître en taille, sans jamais parvenir à identifier de manière fiable un chat dans une image. De façon étonnante, l'écriture d'un tel algorithme est une tâche qui n'a jamais été résolue, malgré l'effort combiné de nombreux informaticiens de premier rang.

En fait, si décrire précisément ce qu'est un chat est une tâche herculéenne, c'est parce que celle-ci requiert la rédaction d'un très gros livre. Qui, de surcroît, doit être formulé dans un langage de programmation !

L'informaticienne Margaret Hamilton pose avec le code qu'elle a écrit avec ses collègues du MIT pour les missions Apollo.

L'ARGUMENT DE TURING

En 1950, Alan Turing s'est appuyé sur l'argument de la taille du code pour justifier le fait qu'aucun humain ni groupe d'humains ne serait probablement capable d'écrire ligne à ligne le code algorithmique d'une IA de niveau humain.

En effet, une telle IA devrait maîtriser toutes sortes de concepts qui appartiennent au langage naturel des humains, comme celui de « chat ». Chacun de ces concepts nécessiterait des millions de lignes de code pour être décrits. La taille de l'ensemble serait probablement au moins de l'ordre du giga-octet, voire bien plus. Or, un giga-octet, c'est déjà des milliers de très gros livres ! Voilà qui prendrait beaucoup trop de temps et d'expertise à écrire. À titre de comparaison, on estime souvent que la complexité du cerveau humain peut être estimée à partir du nombre de ses synapses : environ un million de milliards, soit un péta-octet.

Turing écrivit : « À mon rythme actuel de travail, je produis environ 1 000 caractères de code par jour, donc avec environ soixante travailleurs, un travail régulier pendant cinquante ans pourrait permettre d'accomplir la tâche [de programmer une IA], en supposant que rien ne finit à la poubelle. Des méthodes plus expéditives semblent désirables. »

C'est ainsi que Turing introduisit, dès 1950, le principe des *learning machines*. C'est ce principe qui est sous-jacent aux algorithmes auto-apprenants dont nous avons parlé au premier chapitre, et que certains confondent parfois aujourd'hui avec le concept plus général d'IA.

L'idée est de remplacer l'humain dans la tâche d'écriture du code. L'humain semblant bien trop limité pour produire les milliards, voire peut-être millions de milliards de lignes de codes nécessaires à la conception d'une IA de niveau humain, il s'agit alors de faire réaliser cette tâche par la machine même. L'IA doit apprendre son propre algorithme.

L'APPRENTISSAGE PROFOND

Une méthode d'apprentissage que nous avons déjà évoquée au chapitre 1, l'apprentissage profond (*deep learning),* remporte actuellement de grands succès dans des tâches de reconnaissance visuelle.

Comme nous l'avons déjà expliqué, l'apprentissage profond consiste à s'appuyer sur des réseaux de neurones, idéalement composés de dizaines, de centaines, voire de milliers de couches qui se succèdent.

C'est ainsi que sont nés des réseaux de neurones qui ont enfin réussi la prouesse de reconnaître les chats dans des images. Ces réseaux de neurones, qui brassent des millions de paramètres, peuvent être vus comme les plus petits codes algorithmiques connus à ce jour capables de reconnaître les chats de manière fiable. Il se trouve que leur code contient des millions de lignes. Autrement dit, la taille de leur code est bien de l'ordre du méga-octet – la taille de certains réseaux modernes est même plutôt de l'ordre du giga-octet, voire du téra-octet.

On reproche souvent à ces immenses réseaux de neurones d'être opaques. Il est ainsi très difficile pour des chercheurs du domaine de comprendre ce qu'il se passe à l'intérieur de tels réseaux. Cependant, cette difficulté n'est pas si surprenante : analyser des logiciels qui font des milliards de lignes de code est une tâche inévitablement dantesque.

À défaut de comprendre les réseaux profonds, pourrait-on toutefois expliquer leur succès ? En particulier, comment se fait-il que la profondeur des réseaux de neurones, c'est-à-dire le nombre de couches de neurones impliquées, semble critique pour atteindre des performances spectaculaires ?

La profondeur logique de Bennet

Une explication de ce succès pourrait résider dans la valeur actuelle d'une propriété de notre univers, appelé « profondeur logique de Bennett »[9]. Si la complexité de Solomonoff mesure la taille du plus petit code nécessaire pour décrire une entité, la profondeur logique de Bennett estime le temps d'exécution de ce code. Imaginons ainsi qu'on ait réussi à expliquer relativement succinctement tout l'état physique actuel de l'Univers. Autrement dit, supposons qu'on dispose d'un algorithme qui, lorsqu'on l'exécute, produit exactement l'état actuel de notre Univers. Il semble très probable que cet algorithme nécessitera des temps de calcul colossaux – à l'instar des immenses temps de calculs nécessaires au rendu graphique pour des films en très haute définition.

Cette remarque est vraiment spécifique à l'état actuel de l'Univers – pas à son âge. En effet, a contrario, d'autres instants dans l'histoire de l'Univers paraissent beaucoup plus simples à décrire, et beaucoup plus rapides à calculer. Par exemple, l'état initial de l'Univers ressemble davantage à un plasma chaud et quasi-uniforme. Son état final, quant à lui, ressemblera plutôt à un vide cosmique, lorsque toutes les étoiles auront consommé leur carburant et que tous les trous noirs se seront évaporés.

Notre Univers actuel est beaucoup plus complexe. Il contient des planètes, des mouvements tectoniques, des forêts pleines de diversité, des animaux très complexes, des cerveaux humains, des civilisations, des architectures informatiques et des millions de vidéos de chats. Décrire l'univers est plus complexe. Mais ce n'est pas tout. L'exécution d'une description algorithmique et efficace de l'Univers pour l'expliquer entièrement (ou presque) semble également beaucoup moins immédiate.

C'est cette intuition que cherche à formaliser la profondeur logique de Bennett. Cette intuition suggère que notre monde actuel possède une profondeur logique de Bennett colossale. Intuitivement, on comprend qu'un tel état de l'Univers nécessite beaucoup de temps à être « expliqué » par un algorithme.

Avec le succès de l'apprentissage profond, il n'est toutefois pas nécessaire de s'intéresser à la profondeur logique de Bennett de tout l'univers. Après tout, les algorithmes d'apprentissage n'analysent pas tout l'univers, mais seulement les données d'entraînement qu'on leur fournit. L'analyse de ces données pourrait néanmoins être une tâche à grande profondeur logique de Bennett. Si c'est le cas, il semble alors nécessaire de disposer d'algorithmes capables de longs raisonnements pour expliquer au mieux ces données. D'où l'importance de la profondeur des réseaux de neurones.

Ainsi, le succès de l'apprentissage profond de réseaux de neurones à partir de milliards de paramètres pourrait n'être qu'une conséquence de la formidable complexité de Solomonoff et de l'énorme profondeur logique de Bennett des données d'entraînement, extraites de notre univers, et sur lesquelles s'appuient ces réseaux de neurones.

PARLER À UNE IA

Résumons-nous. Avec les réseaux de neurones profonds, c'est désormais la machine elle-même qui écrit une partie de son algorithme en apprenant des données. C'était la condition nécessaire, énoncée par Turing, pour que les machines deviennent véritablement

« intelligentes ». Mais est-ce une condition suffisante ? Cet apprentissage à partir de données suffit-il à créer des IA « intelligentes » ? Des IA qui parviendraient enfin à « penser »... Voici les questions que nous aborderons dans le prochain chapitre.

CHAPITRE 5

DES MACHINES QUI « PENSENT »

À l'époque de Turing, les ordinateurs étaient si peu puissants qu'il semblait difficile de leur attribuer une quelconque «intelligence». Pourtant Turing pressentait que les machines seraient un jour douées de pensée. Cette troublante perspective est plus que jamais d'actualité.

COMMENT RECONNAÎTRE UNE MACHINE INTELLIGENTE ?

En 1950, Alan Turing publie un article intitulé «*Computing Machinery and Intelligence*». Dès la première phrase, Turing pose la question suivante : « Les machines peuvent-elles penser ? »

Turing est conscient que cette question déchaîne les passions et invite à des débats sans fin. Pour commencer, le mot « machine » est sujet à interprétation. Une réplique à l'identique d'un corps humain est-elle une machine ? Que se passe-t-il si on remplace les neurones d'un humain, un à un, par un neurone artificiel ayant la même fonction : ce qui reste sera-t-il une machine ?

Comme nous l'avons vu, Turing avait déjà largement réfléchi à ces questions dès 1936, où il avait conclu qu'il existait une structure universelle de machine à calculer, désormais appelée machine de Turing. Grâce à ce concept, Turing put reformuler sa question plus rigoureusement ; il s'agit désormais de déterminer si les machines de Turing peuvent « penser ».

Malheureusement, la formulation est encore très loin d'atteindre une rigueur complète. En effet, le mot « penser » demeure extrêmement flou. Que signifie « penser » ? Effectuer une simple addition correspond-il à penser ? Qu'en est-il de trier un tableau ? De rechercher une information sur Internet ? De battre le champion du monde des échecs ? De reconnaître une photo dans une image ? De prouver un théorème ? D'écrire un poème ?

LE CÉLÈBRE « TEST DE TURING »

Astucieusement, Turing remplaça toutes ces questions par un simple « défi » lancé aux machines. Il l'appela le « jeu de l'imitation ». Depuis, on l'appelle plutôt le « test de Turing ».

En quoi consiste ce test? Imaginez que deux comptes WhatsApp inconnus vous envoient chacun un message. L'un de ces comptes est tenu par un humain, et l'autre est géré par un algorithme. Votre tâche est alors de déterminer lequel de ces comptes est tenu par l'algorithme.

Saurez-vous déterminer laquelle des deux discussions WhatsApp se tient avec une IA?

Pour y arriver, tout ce que vous pouvez faire, c'est poursuivre la conversation WhatsApp jusqu'à ce que votre opinion soit faite. Cette méthode paraît limitée, mais toutes sortes d'informations peuvent être communiquées via du texte. Dans son article de 1950, Turing imagine ainsi que vous puissiez jouer des parties d'échec avec vos interlocuteurs en décrivant les mouvements des pièces du jeu. Ainsi, le test de Turing permet également de mesurer les performances des interlocuteurs aux échecs.

Bien entendu, le test de Turing mesure les performances des interlocuteurs à toutes sortes d'autres jeux ou défis. Vous pourrez ainsi demander à l'interlocuteur de démontrer le théorème de Pythagore, de raconter une histoire drôle ou de décrire l'événement le plus marquant de sa vie. Force est d'admettre qu'une IA qui parviendrait à résoudre toutes ces tâches de manière indiscernable d'humains serait très impressionnante.

Selon Turing, si une machine parvient à relever ce défi, alors nous serons contraints de reconnaître qu'elle paraît au moins aussi intelligente qu'un humain. En fait, une telle machine serait même probablement capable de prouesses cognitives très supérieures à celle d'un humain, comme lire des millions de livres et envoyer des milliards de courriers électroniques.

On peut imaginer que si l'objectif donné à une IA est d'être indiscernable d'un humain, alors celle-ci pourrait intentionnellement montrer des faiblesses. Après tout, il semble peu probable qu'un compte WhatsApp capable de démontrer $P \neq NP$, ou d'effectuer instantanément de longues opérations, soit tenu par un humain. L'IA choisirait probablement de paraître plus limitée qu'elle ne l'est vraiment. Comme lorsqu'elle joue au poker, elle pourrait bluffer !

Cette stratégie peut paraître farfelue... mais elle semble déjà avoir été mise en œuvre. En 2018, Google présenta son assistant vocal Google Duplex, capable de réserver une table dans un restaurant à votre place.

L'entreprise divulgua des extraits d'appels téléphoniques réels où cette IA interagissait avec des restaurateurs. De façon stupéfiante, l'IA avait appris à marquer des pauses et à émettre des onomatopées sans valeur informationnelle comme « humm, humm ». À aucun moment les restaurateurs ne se rendirent compte que leur interlocuteur était une machine ! L'IA avait appris les mimiques des humains pour paraître davantage humaine.

DIFFÉRENTS TESTS DE TURING

Pendant longtemps, les performances des machines furent si médiocres qu'il n'y avait pas lieu d'effectuer des tests de Turing. En 1990, pour stimuler la recherche dans le domaine, l'inventeur américain Hugh Loebner (1942-2016) décida de créer une compétition annuelle entre algorithmes, avec un prix de quelques milliers de dollars à la clef. Depuis, chaque année, cette compétition teste les facultés des meilleurs algorithmes à paraître indiscernables d'humains lors de courtes discussions de quelques minutes. À ce jour, aucun n'a remporté le prix final de 100 000 dollars qui récompensera l'algorithme ayant floué tous les juges – événement qui clora une fois pour toute la compétition.

Malheureusement, les algorithmes bien classés à ce genre de test ne sont pas ceux capables de « penser » le plus intelligemment. En effet, ces algorithmes ont souvent tendance à changer de sujet, à poser de nouvelles questions plutôt qu'à répondre à celles qu'on leur pose, voire à se faire passer pour des adolescents qui ne maîtrisent pas bien une langue étrangère. Certains humains sont plus faciles à imiter que d'autres : il est plus aisé, par exemple, d'être indiscernable d'un adolescent de langue étrangère que d'un génie comme Albert Einstein !

Une version plus intéressante du test de Turing consisterait à tester sur la durée la faculté des algorithmes à paraître indiscernables d'humains brillants ; par exemple, après des discussions durant plusieurs jours voire plusieurs semaines. De tels algorithmes sembleront alors vraiment indiscernables de l'intelligence humaine sous son meilleur jour. Dans l'excellent film *Her* de Spike Jonz, par exemple, l'acteur Joaquin Phoenix tombe amoureux du système d'exploitation de son ordinateur.

LA CHAMBRE CHINOISE DE SEARLE

Certes, paraître indiscernable d'un humain serait une sacrée prouesse technologique. Mais suffit-il vraiment de paraître humain pour bénéficier d'intelligence humaine ? Le philosophe américain John Searle, spécialiste de philosophie du langage, s'est longtemps opposé à cette conclusion suggérée par Turing. Selon Searle, l'intelligence serait une faculté qui transcende le simple traitement de données dont sont capables les machines de Turing.

Pour appuyer sa thèse, en 1980, Searle proposa une expérience de pensée. Imaginez que vous vous tenez dans une salle close. Vous recevez de temps à autre des messages, envoyés par un humain à l'extérieur de la salle. Cependant ces messages sont en chinois, et vous ne parlez pas chinois. Comment répondre à de tels messages ?

Pour y arriver, vous disposez d'un énorme livre qui liste des questions, et des réponses prédéfinies à ces questions. L'ensemble est en chinois ; tout ce que vous voyez, ce n'est donc qu'une liste de symboles abscons. Avec un peu d'entraînement, vous parviendrez néanmoins à trouver dans le livre la question qui correspond au message qui vous a été envoyé. Il vous suffit alors de recopier la réponse proposée par le livre sur une feuille, et d'envoyer cette réponse à votre interlocuteur à l'extérieur de la salle.

La chambre chinoise de Searle. L'opérateur dans la chambre est indiscernable d'un interlocuteur sinophone.

L'interlocuteur à l'extérieur de la salle aura alors l'impression de converser avec un interlocuteur qui parle (et écrit) très bien le chinois. Vous serez de ce fait indiscernable d'une intelligence humaine qui comprend le chinois, et vous aurez passé le test de Turing. Cependant, comme le souligne Searle, vous ne comprenez pas vous-même le chinois, et vous n'avez pas eu à penser par vous-même.

Cette expérience de pensée semble très convaincante. Elle trace en particulier une démarcation nette entre la sémantique, c'est-à-dire la compréhension profonde du sens des messages, et la symbolique, c'est-à-dire la simple manipulation de données. Si cette démarcation existe, alors aucune machine ne pourra être considérée « intelligente ». On ne pourra jamais dire que la machine « pense ».

La démarcation effectuée par Searle est-elle aussi nette qu'il n'y paraît ? D'un côté, les neurosciences montrent que les humains sont en fait très souvent (tout le temps ?) sujets à des réflexes purement mécaniques, et que la pensée humaine est le fruit d'interactions purement électrochimiques. D'un autre côté, comme nous le verrons un peu plus loin dans ce chapitre, les algorithmes d'apprentissage sont capables de manipuler eux-mêmes une certaine forme de sémantique.

Mais surtout, l'expérience de pensée de Searle présuppose l'existence d'un livre de questions-réponses suffisamment succinct et complet pour être utilisable par un humain et contenir toutes les questions que l'interlocuteur est susceptible de poser. S'il s'agit de conversations de trois messages, un tel livre pourrait en effet existser. Quand il s'agit de discussions de plusieurs heures, voire de plusieurs jours, il est illusoire d'espérer concevoir un livre qui contiendrait toutes les discussions imaginables – d'autant que les réponses aux dernières questions dépendent souvent de tout l'historique de la conversation.

En fait, le nombre de discussions imaginables croît exponentiellement avec la longueur de la discussion. Autrement dit, à l'instar du jeu d'échecs, toute discussion un tant soit peu longue a plus de déroulements possibles qu'il y a de particules dans l'univers. Il est impossible de les lister dans un livre physique – et impossible pour un humain d'espérer les retrouver dans ce livre !

Tel est probablement le principal argument que Turing aurait opposé à Searle. La chambre chinoise est une expérience de pensée qui transcende les limites de l'algorithmique, et en particulier de la théorie de la complexité algorithmique que nous avons présentée au chapitre 3.

En fait, pour que l'humain dans la chambre chinoise soit capable de converser en chinois sans le comprendre, il semble nécessaire de doter la chambre chinoise de machines à calculer et d'algorithmes sophistiqués. Ce serait alors la combinaison de la chambre, des machines à calculer et de l'humain à l'intérieur qui constituerait une entité capable de « penser » en chinois. Quoique le rôle de l'humain deviendrait alors mineur, sinon superflu...

ZOMBIES PHILOSOPHIQUES

Le test de Turing a également inspiré d'autres réflexions autour de la conscience dite « phénoménale », c'est-à-dire cette expérience subjective qui renvoie au « vécu » ou au « ressenti ». Cette conscience semble irréductible à des phénomènes physiques. En particulier, en 1996, le philosophe australien David Chalmers a imaginé une possible distinction entre des individus conscients et ce qu'il appela des « zombies philosophiques »[10].

L'idée de Chalmers, c'est que même si on effectuait une copie physiquement identique d'un individu, et même si cette copie agissait de manière indiscernable de l'individu en question, il manquerait peut-être à cette copie une « conscience phénoménale »[11]. Le zombie ne serait qu'une copie d'une conscience, sans être lui-même conscient. Il pourrait copier tous les comportements d'une personne et réagir de la même façon aux événements, tandis qu'il n'aurait aucun ressenti, n'éprouverait aucune émotion propre, et n'engrangerait aucun vécu personnel, tel un zombie. Selon Chalmers, il serait possible qu'une entité ou une machine soit physiquement indiscernable d'un être humain, tout en restant différent sur un plan métaphysique.

Il est difficile d'imaginer ce que Turing répondrait à cet argument. Nous discutons ici d'une propriété qui, par définition, ne pourra pas être déterminée par des expériences physiques, car le zombie est censé ressembler à un être vivant lors de tout examen médical imaginable. Qui plus est, la conscience phénoménale ne semble pas tout à fait identique à la faculté de penser. Il n'est peut-être pas nécessaire de disposer de cette conscience pour penser. Quoi qu'il en soit, les performances des IA ne semblent pas liées à leur faculté à disposer d'une telle conscience.

> « Si on attend d'une machine qu'elle soit infaillible, alors elle ne peut pas être intelligente. »
>
> Alain Turing, 1947

En particulier, Turing répondrait peut-être à Chalmers que, faute d'expérience physiquement réalisable, il semble déraisonnable de nier la faculté de penser aux machines. Ou peut-être dirait-il que cette distinction entre ce qui est vraiment et ce qui paraît être n'a en fait que peu d'utilité pratique. Vu de l'extérieur, nous pourrions considérer qu'une machine qui agit comme si elle pensait... pense.

L'ESSOR ET L'ÉCLIPSE DES SYSTÈMES EXPERTS

Au début des années 1980, plutôt que de s'intéresser directement au test de Turing dont les applications pratiques semblent limitées, les chercheurs se sont plutôt attaqués à des tâches qui semblaient requérir une grande intelligence pour être résolues. On parle alors de « systèmes experts ».

Comme nous l'avons mentionné au chapitre 1, les systèmes experts s'appuient sur les connaissances des humains les plus aptes à réaliser une certaine tâche; cette expertise est encodée dans leur algorithme. Selon cette approche, l'intelligence réside dans un certain nombre de facultés de raisonnement, comme la déduction logique, la prise de décision, la recherche de solution, la planification, et ainsi de suite.

C'est via une telle approche que l'IA connut un grand essor, qui culmina avec la victoire de *Deep Blue* contre Garry Kasparov aux échecs en 1996. Aujourd'hui encore, les algorithmes des systèmes experts sont quotidiennement utilisés dans de nombreux domaines pour des tâches précises.

Cependant, les succès passés des systèmes experts semblent désormais éclipsés par l'apprentissage-machine.

CRÉER UNE MACHINE-ENFANT ?

Comme nous l'avons expliqué dans le chapitre précédent, Turing a introduit cette notion dans son article de 1950. Turing y médite l'origine de l'intelligence humaine, et note en particulier que l'intelligence d'un adulte est supérieure à celle d'un enfant. Cette augmentation des capacités intellectuelles n'est pas arbitraire; elle semble être le fruit d'un apprentissage de l'enfant, puis de l'adulte.

Confronté à l'impossibilité de rédiger de zéro le programme d'une IA, Turing écrit: « Au lieu d'essayer de produire un programme pour simuler l'esprit adulte, pourquoi ne pas plutôt en produire un qui simule celui de l'enfant ? Si celui-ci était ensuite sujet à une éducation appropriée, on obtiendrait alors le cerveau adulte. »

Il ajoute : « Avec un peu de chance, il y a assez peu de mécanismes dans le cerveau enfant pour que nous puissions programmer facilement une machine similaire. On peut ensuite supposer que la quantité de travail à fournir pour l'éduquer sera, en première approximation, du même ordre de grandeur que pour un enfant humain. »

Autrement dit, Turing imagine que le cerveau de l'enfant est peut-être suffisamment simple pour qu'un algorithme aux facultés similaires puisse être programmé directement. Dès lors, il suffirait d'exposer cet algorithme à une éducation similaire à celle d'un enfant pour qu'il acquière les facultés d'un cerveau adulte. Un tel algorithme pourrait alors être capable de réussir le test de Turing. Et donc de penser.

DIFFÉRENTS APPRENTISSAGES

Turing distingue trois étapes du processus pour aboutir au cerveau adulte. Il écrit : « Nous pouvons distinguer trois composants, (a) l'état initial de l'esprit, disons à la naissance ; (b) l'éducation dont il a fait l'objet ; (c) d'autres expériences, non restreintes à l'éducation, auxquelles le cerveau a été sujet. »

Dans le langage moderne de l'apprentissage-machine, on parlerait de (a) l'algorithme d'apprentissage,

(b) l'apprentissage supervisé, et (c) l'apprentissage non supervisé.

Combiné avec les architectures de réseaux de neurones artificiels, l'apprentissage supervisé est celui qui a conduit au renouveau de l'IA depuis 2011. Nous en avons déjà donné quelques exemples au chapitre 1. Pour enseigner à une telle IA ce qu'est un chat, on l'exposera à un très grand nombre d'images, en lui indiquant à chaque fois s'il y a un chat dans l'image ou non. L'IA effectuera ensuite des généralisations à partir de ce jeu de données étiquetées.

Quant à l'apprentissage non supervisé, il s'agit d'un apprentissage à partir de données sans étiquette. Il correspond par exemple à ordonner à un élève de lire Wikipédia. L'objectif de l'élève n'est alors pas clair. S'il le veut, il pourra chercher à identifier des régularités, notamment statistiques.

En 2013, à la surprise générale, lorsque Google a demandé à son réseau de neurones artificiel *word2vec* d'étudier les régularités statistiques dans toutes sortes de textes, cette IA a effectué des prouesses !

En particulier, *word2vec* a réussi à concevoir des représentations sémantiques des mots qu'elle a lus, c'est-à-dire à associer tout mot à une liste de nombres. Jusque-là, rien de bien impressionnant. Ce qui était remarquable, c'est que deux mots qui ont à peu près le même sens ont été représentés par des listes de nombres similaires. La représentation sémantique des mots adoptée par *word2vec* lui a donc permis d'identifier les ressemblances sémantiques entre les mots.

De manière plus stupéfiante encore, *word2vec* a réussi à développer une algèbre de la sémantique. Autrement dit, en étudiant uniquement des régularités statistiques, elle est parvenue à apprendre comment combiner le sens de certains mots. Elle a ainsi appris l'équation « roi – homme + femme = reine ». Ou dit en langage naturel, l'équivalent féminin d'un roi est une reine. Impressionnant !

Et il est absolument remarquable que Turing ait été en mesure d'anticiper ces différentes approches dès 1950, des décennies avant qu'elles ne soient formalisées et mises en œuvre.

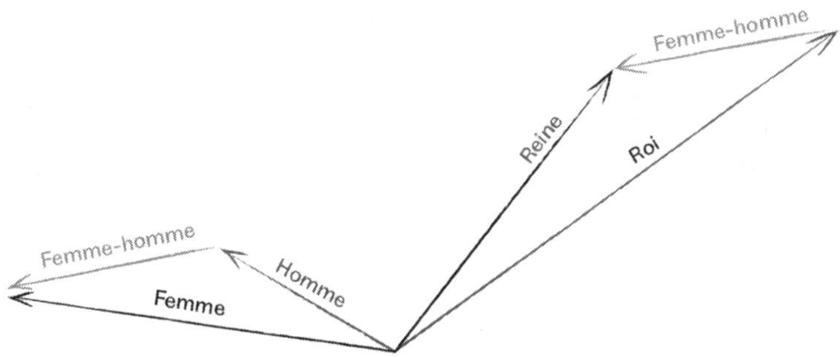

Représentation vectorielle de *word2vec*. On voit que le vecteur « roi - homme + femme » est approximativement égal au vecteur « reine ».

L'APPRENTISSAGE PAR RENFORCEMENT

En plus de décrire le processus global qui permet la conception d'une IA, Alan Turing s'attarda également sur des idées d'algorithmes d'apprentissage révolutionnaires. Il jeta ainsi les fondements de ce qu'on appelle désormais les « algorithmes génétiques » et l'« apprentissage par renforcement ».

Nous reviendrons sur les algorithmes génétiques dans le chapitre 7. Inspirés de l'évolution par sélection naturelle, ces algorithmes génétiques sont désormais quotidiennement utilisés dans toutes sortes de problèmes, par exemple pour identifier des dispositions d'éoliennes qui maximisent l'énergie produite. Cependant, Turing lui-même était sceptique sur le fait que ces algorithmes génétiques suffiraient. Il écrivit que « la survie du plus adapté est une méthode lente ».

Le cas de l'apprentissage par renforcement est plus fascinant encore. Turing écrit : « Nous associons habituellement les punitions et les récompenses avec le processus d'apprentissage. Des machines-enfants simples peuvent être construites ou programmées sur ce type de principe. La machine devra être conçue de sorte que les événements qui précèdent légèrement l'occurrence d'un signal de punition ne seront probablement pas répétés, alors qu'un signal de récompense augmenterait la probabilité de répétition de l'événement qui y aura conduit. »

Ce principe paraît naïf, mais son application à différents problèmes a conduit à des résultats époustouflants,

> « Il ne fait aucun doute pour moi que les machines intelligentes futures posséderont une forme de conscience. »
>
> Yann Le Cun, 2019

des jeux vidéo (comme Atari ou StarCraft) aux jeux de plateau (comme les échecs ou le jeu de Go), en passant par des problèmes plus concrets. Par exemple, en 2018, l'entreprise DeepMind a développé un algorithme d'apprentissage par renforcement – appelé *AlphaFold* – pour prédire la manière dont des protéines se replient une fois créées. Il s'agit là d'un problème central de la biologie moléculaire, qui permet de prédire la fonction d'une protéine – et ainsi de savoir si elle peut soigner une maladie ou l'aggraver. *AlphaFold* a surpassé de loin ses prédécesseurs, qui ne s'appuyaient pas sur l'apprentissage par renforcement.

L'apprentissage par renforcement se retrouve au cœur de nombreuses IA modernes. À chaque victoire ou défaite, à chaque prouesse ou défaillance, à chaque clic de l'utilisateur ou non, ces IA reçoivent des récompenses ou des punitions. Elles exploitent ensuite ces signaux pour modifier leurs propres algorithmes et se rapprocher ainsi, pas à pas, d'algorithmes plus intelligents.

Il se trouve que le simple fait d'avoir un compteur à maximiser, comme le nombre de clics ou la probabilité de gagner, suffit à « motiver » les IA par renforcement à concevoir leurs propres modèles du monde et à développer des planifications stratégiques époustouflantes.

Alors, les machines pourront-elles « penser » un jour ? Parmi les techniques d'apprentissage machine, l'apprentissage par renforcement pourrait être la bonne voie vers la résolution du test de Turing. Et donc, à en croire Turing, vers la conception de machines capables de penser.

CHAPITRE 6

DES ARTISTES DE SILICIUM

Les IA nous surpassent déjà dans de nombreux domaines. Les personnes qui sont efficacement remplacées par des machines voient leur métier disparaître peu à peu. Et certains s'inquiètent que l'humanité devienne peu à peu obsolète... D'autres se consolent à l'idée que des domaines seront toujours réservés à l'intellect humain, notamment ceux qui demandent de la créativité. Qu'en est-il vraiment ? Est-il envisageable qu'une machine crée des œuvres d'art, et se mette à peindre comme Rembrandt ou à composer comme Beethoven ?

LE COUP 37 D'*ALPHAGO*

En 2016, un algorithme dénommé *AlphaGo,* développé par Google DeepMind, défie le Sud-Coréen Lee Sedol, l'un des meilleurs joueurs de go au monde. La confrontation, en cinq manches, est retransmise et commentée en direct sur plusieurs canaux ; des millions de spectateurs sont tenus en haleine. De manière stupéfiante, le 9 mars, la première manche s'achève sur une victoire de l'IA de DeepMind. Cependant, Lee Sedol sait qu'il a commis une erreur au début de cette première partie, et il espère tenir sa revanche le lendemain, lors de la seconde partie. Il n'en sera rien.

Le 10 mars marque un basculement majeur dans l'imaginaire collectif des joueurs de go. Dès le début de la partie, *AlphaGo* exploite des stratégies étonnantes, qui vont à l'encontre de la théorie traditionnelle du jeu de go. *AlphaGo* semble abandonner des territoires qu'un joueur humain de haut niveau aurait habituellement défendus. Cependant, pour l'instant, Lee Sedol ne bronche pas, et se contente d'un jeu patient et territorial.

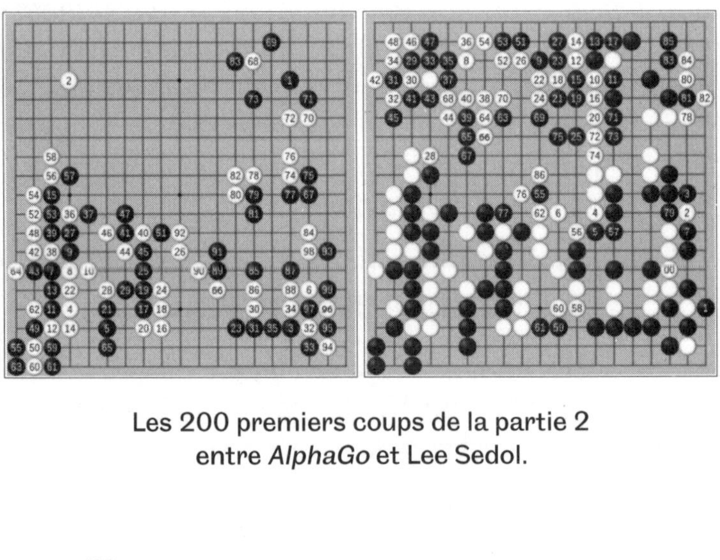

Les 200 premiers coups de la partie 2 entre *AlphaGo* et Lee Sedol.

> « Les machines me prennent par surprise avec une grande fréquence. »
>
> Alan Turing, 1950

Puis vint le désormais célèbre « coup 37 ». Pour comprendre à quel point ce coup d'*AlphaGo* est ahurissant, il suffit d'observer la réaction de l'Américain Michael Redmond, le meilleur joueur occidental du jeu de go. Devant les caméras, Redmond dispose d'un tableau où il réplique les coups joués et les commente pour la télévision.

Quand Redmond découvre le coup 37 d'*AlphaGo*, il commence par placer le pion d'*AlphaGo* sur la bonne case de son tableau. Puis il regarde le tableau, et déplace instinctivement le pion qu'il vient de placer d'une case vers le bas. Il jette alors un coup d'œil aux caméras, se rend compte de son erreur, et remonte le pion d'une case vers le haut. Il déclare alors : « c'est un coup très surprenant [...], je pensais que c'était un clic manqué [...], oui c'est très bizarre [...], je ne m'y attendais pas. Je ne sais pas vraiment s'il s'agit d'un bon ou d'un mauvais coup à ce stade... »

Plus révélateur encore est le visage de Lee Sedol, lorsque, après une pause, il découvre le coup 37 d'*AlphaGo*. Le champion de go grimace. Il hoche la tête. Puis ne cesse de cligner des yeux. Avant de s'étaler dans son siège, la main sur la bouche, visiblement terriblement perturbé par ce qu'*AlphaGo* venait de réaliser. Le coup 37 d'*AlphaGo* avait tout d'un éclair de génie de l'algorithme.

Lee Sedol finira par perdre cette deuxième partie. Il affirmera : « *AlphaGo* avait joué de façon presque parfaite. Dès le début de la partie, je n'ai jamais eu l'impression que je menais. » Redmond, lui, déclarera que le coup 37 d'*AlphaGo* était « créatif » et « unique ». L'expert de go An Young-gil dira qu'il s'agissait d'un « coup rare et fascinant ». En un coup, *AlphaGo* avait mis la communauté d'experts de go à ses pieds.

Le 15 mars, le score final tombe : *AlphaGo* a gagné toutes les parties, sauf la quatrième.

Depuis, les joueurs de go ont décortiqué les stratégies d'*AlphaGo*, ainsi que celles de ses successeurs *AlphaGo Zero* et *Alpha Zero*. La nouveauté de ces dernières leur a permis de bouleverser leur théorie concernant leur jeu préféré. Grâce à l'IA, les humains ont repensé l'ensemble des coups possibles de ce jeu subtil.

TEST DE TURING ARTISTIQUE

Deux ans plus tard, le 25 octobre 2018, une impression sur toile intitulée *Portrait d'Edmond de Belamy* est vendue aux enchères au prix de 432 500 dollars. De prime abord, cette nouvelle est peu inhabituelle. Elle le devient lorsqu'on apprend que la caractéristique de cette œuvre est d'avoir été produite par un algorithme !

Si ce cas a été particulièrement médiatisé, ce n'est pas le premier : les algorithmes s'immiscent dans le monde de l'art depuis de nombreuses années. Ils ont ainsi appris à composer des symphonies de musique, ou encore à redessiner des photos dans le style d'un grand peintre.

En juin 2017, des chercheurs de Rutger University, de Facebook et de Charlestown ont publié une étude qui suggère que des volontaires humains pris au hasard sont majoritairement incapables d'identifier des œuvres créées par des algorithmes parmi d'autres œuvres créées par des artistes. En un sens, ces algorithmes ont réussi à passer un test de Turing « artistique » : leurs œuvres sont indiscernables de celles d'artistes humains.

Certains rétorqueront que la prouesse est minime, puisqu'il s'agissait de tromper des néophytes et non des experts. Cependant, en 2018, des chercheurs de Heidelberg ont réussi à passer avec un succès relatif une version plus forte du test de Turing artistique. Lorsqu'ils demandèrent à des historiens d'art de deviner si une œuvre donnée était une œuvre historique ou une œuvre générée par un algorithme, ces historiens se trompèrent 39 % du temps. Soit presque une fois sur deux !

Ces résultats soulèvent une question légitime : ces algorithmes capables de réussir (approximativement) le test de Turing artistique peuvent-ils être considérés eux-mêmes comme des artistes ? En particulier, ces algorithmes sont-ils véritablement créatifs ?

Pour répondre à ces questions, il faut s'arrêter sur la notion de créativité. Usuellement, on l'associe souvent avec la capacité de générer une information, qu'il s'agisse d'une idée ou d'une œuvre, qui soit à la fois surprenante et fascinante. Ces deux propriétés semblent être des clés pour permettre à l'idée ou à l'œuvre de nous interpeller.

Ces deux qualités sont toutefois subjectives. Ce qui est surprenant et fascinant pour quelqu'un ne l'est pas pour un autre. Ces qualités ne sont toutefois pas arbitraires. Dans bien des cas, nous sommes relativement d'accord pour conclure que telle ou telle œuvre est surprenante ou non. De même, il existe des cas où le caractère fascinant d'un phénomène est relativement consensuel.

Un algorithme est-il capable de concevoir une œuvre que la plupart d'entre nous considèrerons surprenante et fascinante ? Et qu'en est-il si l'on se restreint à des juges experts ?

GOÛT ARTISTIQUE

Dans le cas du jeu de go, la réponse à ces questions est sans équivoque. Comme nous l'avons vu, le coup 37 d'*AlphaGo* a été jugé surprenant et fascinant par les experts du go. Mais qu'en est-il de l'art ?

Commençons par discuter de la capacité de fascination des productions des algorithmes. Dans certains cas, comme le jeu de go, la capacité de fascination consiste simplement à développer des stratégies plus performantes que celles exploitées jusque-là par les humains. En particulier, ce qui rend le travail de l'algorithme facile dans ces cas, c'est le fait que l'objectif de l'algorithme est déterminé par des règles claires et précises, par exemple « contrôler le plus grand territoire sur le plateau de jeu ».

Dans le domaine artistique, l'objectif de l'algorithme est plus difficile à cerner. Du reste, « l'objectif » de l'art est un sujet fortement débattu par les philosophes et les artistes. Loin de nous l'envie de nous immiscer dans un tel débat ! Cependant, si l'on considère qu'un algorithme doit parvenir à nous fasciner, l'algorithme peut y arriver en devinant au préalable ce qui nous fascine.

De nos jours, des milliards de dollars sont investis quotidiennement pour développer et déployer des algorithmes capables d'estimer ce qui plaira à chacun d'entre nous. Ces algorithmes, appelés algorithmes de recommandation, sont au cœur du modèle économique de nombreuses entreprises. Que ce soit sur YouTube, Netflix ou Spotify, ces algorithmes cherchent constamment à deviner ce qui nous plaira, de sorte à afficher à l'écran des options sur lesquelles nous souhaiterons cliquer.

En s'appuyant sur notre historique de navigation, nos achats passés, mais aussi sur les préférences des milliards d'autres utilisateurs, ces algorithmes sont parfois plus à même de deviner ce qui nous plaira que ne sauraient le faire nos conjoints. À tel point que nous suivons désormais plus souvent leurs recommandations que nos propres envies, ou que les recommandations de nos amis. C'est ainsi que 70 % des vues sur YouTube sont le fruit d'une suggestion de l'algorithme de YouTube.

Bien entendu, les performances des algorithmes de recommandation sont loin d'être parfaites. Néanmoins, leurs performances sont suffisamment prometteuses pour que les entreprises continuent à investir dans ces outils de recommandation.

DES MONTAGNES ACCIDENTÉES

Admettons donc que les algorithmes soient capables d'estimer plus ou moins correctement ce qui nous fascine. Il faut également que les résultats des calculs des algorithmes soient surprenants.

Or les calculs des algorithmes sont parfaitement déterministes. Ils effectuent une suite d'opérations entièrement prédéterminée. Certes, dans le cadre de l'apprentissage-machine, ces opérations dépendront des données fournies aux algorithmes. Mais alors, il semble que le résultat des calculs des machines soit uniquement la conséquence des données et des calculs. Si jamais ce résultat est surprenant, la cause en est alors le caractère surprenant des données.

Ces remarques sont d'autant plus pertinentes pour des familles d'algorithmes dont on est parvenu à prouver qu'ils se conformeraient à certains comportements. Par exemple, de nombreux algorithmes d'apprentissage-machine sont en fait des algorithmes d'optimisation – ils cherchent typiquement à créer une œuvre ou une idée qui maximise un indicateur censé estimer la fascination éprouvée par l'humain. Or, pour beaucoup de ces algorithmes, notamment dans le cadre de ce qu'on appelle l'« optimisation convexe »[12], on peut démontrer la convergence des algorithmes vers un optimum global. Ou dit autrement, même si on ne comprend pas tout de ces algorithmes, il est possible de garantir que ces algorithmes « convergeront », c'est-à-dire qu'ils finiront par faire parfaitement ce que l'on veut leur faire faire. Ces algorithmes ne semblent donc pas en mesure d'entièrement nous surprendre.

Cependant, de nos jours, les algorithmes les plus utilisés et les plus prometteurs s'appuient sur l'optimisation des poids des synapses des réseaux de neurones artificiels, comme nous l'avons décrit au chapitre 1. L'algorithme utilisé pour cette optimisation pendant la phase d'apprentissage est appelé « descente de gradient stochastique ». Les détails importent peu.

De façon cruciale, l'optimisation des réseaux de neurones artificiels n'est pas un problème convexe. Dit autrement, les garanties prouvées pour l'optimisation convexe ne s'appliquent plus. Par conséquent, les performances des réseaux de neurones artificiels après leur apprentissage sont beaucoup moins prévisibles. En effet, les théorèmes des mathématiciens ne s'appliquant plus, il ne nous est plus possible de prédire si nos algorithmes fourniront les résultats escomptés.

L'optimisation des réseaux de neurones artificiels correspond alors à une sorte d'exploration d'un paysage montagneux très accidenté. Au lieu de descendre tranquillement le long d'une vallée très bien délimitée, le tracé va traverser des cols, suivre des chemins de crêtes, sortir de cuvettes et faire face à des falaises. Cette exploration sera pleine d'à-coups et d'imprévus. Elle sera potentiellement très surprenante.

LES ESPACES DE TRÈS GRANDES DIMENSIONS

Un autre aspect rend l'optimisation des réseaux de neurones très imprévisible : c'est le fait qu'elle manipule simultanément des millions, voire des milliards de paramètres. Autrement dit, on peut comparer un réseau de neurones à une énorme machine disposant de milliards de boutons de réglage. Mais surtout, au fur et à mesure de son apprentissage, tous les réglages de tous les boutons de la machine ne cesseront pas d'être modifiés simultanément. Les réseaux de neurones profonds sont ainsi considérés comme de véritables « boîtes noires », opaques pour le programmeur. Ce qu'ils produisent à partir des données d'entrée n'est pas explicable.

En termes mathématiques, la complexité des réglages de la machine correspond à l'exploration d'un espace de très grande dimension. Si la machine comporte un milliard de paramètres, son espace d'exploration sera de dimension un milliard. Dans un tel espace, une exploration sera nécessairement très contre-intuitive et mystérieuse, sachant que nous autres humains, mathématiciens compris, avons un mal fou à nous représenter des espaces de dimension 4 ou 5 !

Représentation artistique d'un hypercube
dans un espace de très grande dimension.

En particulier, les espaces de très grande dimension présentent de nombreuses étrangetés. De façon très contre-intuitive, deux points choisis aléatoirement dans ces espaces sont quasiment tout le temps à une même distance l'un de l'autre ! À moins d'être très bien guidé, il est en fait essentiellement impossible pour deux amoureux de se rapprocher dans un tel espace. En fait, en très grande dimension, la notion de distance n'a pas grand-chose à voir avec celle que l'on connaît.

Mais surtout, dans les espaces de très grande dimension, il y a en quelque sorte beaucoup d'espaces à proximité d'un point donné. Même si l'on ne s'autorise qu'un seul pas d'exploration dans cet espace, ce pas peut avoir lieu dans énormément de directions très distinctes. Ou dit autrement, à côté d'un point donné, il y a une immense variété de points proches, et pourtant tous radicalement différents les uns des autres. Dans un espace de très grande dimension, vous auriez énormément de voisins différents, et ces différents voisins ne se ressembleraient absolument pas.

Il est alors très probable que, dans de tels espaces, des milliards de pas d'exploration ne mènent à rien, mais que, tout à coup, le pas suivant augmente drastiquement les performances de notre algorithme.

Ainsi, il n'est pas improbable que l'algorithme d'un réseau de neurones semble longtemps patauger dans la semoule, sans aucune trace de progrès, pour soudainement aboutir à un résultat. Et ce résultat pourrait être une prouesse qu'il nous était impossible de prédire jusque-là.

LE SOPHISME DES MATHÉMATICIENS

On dispose aujourd'hui de suffisamment d'exemples concrets pour se convaincre que les algorithmes peuvent nous surprendre : du jeu de go au poker, en passant par la reconnaissance de tumeurs. Après tout, nous interagissons quotidiennement, sur nos téléphones portables, avec des algorithmes complexes dont nous ne connaissons absolument pas le code.

Mieux encore, avec l'avènement de l'apprentissage-machine et l'utilisation d'énormes bases de données d'apprentissage, même les programmeurs sont régulièrement stupéfaits par les performances de leurs algorithmes. Les exemples couvrent de nombreux domaines, allant des jeux au traitement automatisé de textes, en passant par l'analyse d'images et la reconnaissance vocale. Récemment, par exemple, une IA a atteint des performances telles qu'elle est désormais capable de simuler à la perfection la voix d'un individu après l'avoir écouté pendant cinq secondes seulement !

Alan Turing n'avait pas ce luxe d'exemples pour défendre le potentiel des machines. Au lendemain de la guerre, il ne disposait d'aucun cas concret convaincant. Il avait certes exploité ce potentiel pour casser les codes d'Enigma, mais ces travaux étaient confidentiels.

Turing tenta néanmoins de convaincre ses pairs du potentiel des machines. À l'époque, rares étaient ceux du même avis que Turing. En particulier, de nombreux mathématiciens et philosophes n'hésitaient pas à dénigrer ses idées, qu'ils considéraient comme farfelues. Ils affirmaient typiquement que les machines étant purement mécaniques, elles ne sont capables de faire que ce qu'on leur dit de faire.

Dans son article de 1950, Turing tenta de répondre à cette objection : « L'idée que les machines ne peuvent pas conduire à des surprises est une conséquence, je crois, d'un sophisme fallacieux dans lequel tombent particulièrement les philosophes et mathématiciens. Il s'agit de l'hypothèse selon laquelle, dès qu'un fait est présenté à un esprit, toutes les conséquences de ce

> « Je visualise un temps où nous serons aux robots ce que les chiens sont aux humains. »
>
> Claude Shannon, 1987

fait sautent immédiatement à l'esprit de celui-ci. Cette hypothèse est très utile dans certains cas, mais on oublie trop facilement qu'elle peut être fausse. Une conséquence naturelle de cette façon de penser est qu'on suppose ensuite qu'il n'y a aucune vertu à simplement calculer les conséquences des données et des principes généraux. »

Autrement dit, nous avons tendance à considérer que suivre des instructions prédéfinies, comme le fait un algorithme, est une tâche triviale et servile. Selon Turing, à cause de ce mépris, nous omettons toute possibilité qu'un calcul purement mécanique puisse donner lieu à des productions fascinantes et surprenantes. À tort.

Quand une machine effectue effectivement des milliers, des millions, voire des millions de milliards d'étapes de calculs, nous ne pouvons pas prétendre nous attendre à un résultat. Bien souvent, la seule façon de prédire les résultats de ces calculs serait d'effectuer soi-même ces calculs – ce qui s'avère impossible.

Étant dans l'incapacité de prédire le résultat des calculs des machines, il faut nous attendre à être surpris par celui-ci. La capacité des machines à nous stupéfier vient ainsi… de nos limites cognitives.

LE PROPRE DE L'HOMME

À notre avis, à la question « Les machines peuvent-elles créer ? », la réponse est : oui. Ce constat est évidemment troublant. Si les machines nous surpassent un jour en intelligence et en créativité, que nous reste-t-il en propre ? L'humain servira-t-il encore à quelque chose, une fois que les machines l'auront surpassé dans tous les domaines ? Cette vision du futur est quelque peu déprimante.

Dans son article de 1950, Turing réfléchissait au positionnement de l'Homme vis-à-vis de la machine : « Nous aimons penser que l'Homme est en un sens subtil, supérieur au reste de la Création. L'idéal serait alors de montrer qu'il est *nécessairement* supérieur, puisqu'il n'y aura alors aucun danger pour lui de perdre sa position dominante. La popularité de l'argument théologique est clairement liée à ce sentiment. Il est même probablement très fort chez les intellectuels, puisqu'ils attribuent une grande valeur à la puissance de penser mieux que les autres, et sont donc plus enclins à fonder leur croyance sur la supériorité de l'Homme à cet égard. »

Si l'on considère que l'humain doit par essence rester supérieur, il est probable que l'on soit réfractaire à l'idée que les machines nous surpasseront. Il devient alors particulièrement triste d'imaginer un futur où aucun mathématicien, par exemple, ne sera capable de démontrer un théorème qu'aucune machine n'aura déjà démontré. Un autre regard est possible, comme le montrent les réactions des joueurs de go après la défaite de leur champion contre des algorithmes. Nombreux furent ceux qui ont accueilli avec enthousiasme les nouvelles stratégies déployées par *AlphaGo*. En particulier, *Lee Sedol* affirma avoir progressé grâce à sa défaite : « Ma façon de penser est devenue plus flexible après ma rencontre avec *AlphaGo*. J'ai réfléchi aux faiblesses de l'intuition humaine, et je pense que ma prédiction du prochain coup est devenue plus précise lorsque je joue au go. »

Il se pourrait de même que si les algorithmes nous surpassent en mathématiques, on assiste alors à une révolution de la connaissance mathématique. De nombreux mathématiciens profiteraient des IA pour grandement approfondir leur intuition mathématique.

Plutôt que de voir des rivales dans les machines, nous pouvons choisir d'y trouver de fantastiques alliées. Des alliées dont nous avons, et dont nous aurons, énormément à apprendre.

CHAPITRE 7

DES ALGORITHMES DANS LA NATURE

Dans l'imaginaire collectif, l'intelligence artificielle semble s'opposer à l'intelligence naturelle. La première serait mécanique, tandis que la seconde serait biologique, donc par essence supérieure. Néanmoins l'IA a beaucoup à apprendre de l'intelligence naturelle, comme le pressentit Turing. À la fin de sa vie, après avoir révolutionné les mathématiques, le monde technologique, et la philosophie de l'esprit et du langage, Turing bouleversa la chimie et la biologie théorique.

LE MIRACLE DE LA MORPHOGÉNÈSE

« Quand on regarde les algorithmes naturels, on se dit "mais comment ça peut marcher ?" », note l'informaticien Bernard Chazelle, expert en algorithmes naturels, lors d'une conférence au Collège de France en 2012. « Si vous ne saviez pas par exemple que les virus, ça fait ce que ça fait, ou que les bactéries, ça fait ce que ça fait, si on vous le décrivait sur papier en disant "voilà ce qui va se passer", vous diriez : "Mais ce n'est pas possible ; un système aussi rocambolesque ne peut pas fonctionner !" Et si, ça fonctionne. Et c'est ça le miracle. »

Soixante ans plus tôt, Alan Turing s'était lui-même interrogé sur les mécanismes naturels qui déterminent les différentes formes et structures des êtres vivants – un domaine appelé « morphogénèse ». Il s'agit des lois qui déterminent la structure d'un organisme. En 1952, Turing publia un article spectaculaire, intitulé « *The Chemical Basis of Morphogenesis* » (« Les bases chimiques de la morphogénèse »). À ce jour, cet article demeure davantage cité dans les publications scientifiques que les articles de Turing de 1936 et 1950, fondateurs de l'informatique.

L'article de 1952 s'attaque à une question fascinante. Comment expliquer que des cellules embryonnaires très simples parviennent à se multiplier de sorte à faire émerger un organisme complexe ? D'où vient l'incroyable diversité des formes du vivant ? Se peut-il que ce processus spectaculaire soit purement mécanique ?

Turing répond à ces questions en proposant un modèle simplifié. En particulier, il décrit des processus chimiques dits de « réaction-diffusion ». Les molécules clés de la morphogénèse interagissent ainsi lors de phases de réactions chimiques, tandis que les molécules produites par ces réactions se diffusent à travers le tissu de l'embryon.

Turing montre alors qu'en jouant sur les paramètres de ces processus, les équations simplistes qui les décrivent suffisent néanmoins à produire une formidable diversité de formes, parfois appelées « motifs de Turing ».

LA MORPHOGÉNÈSE EST UN ALGORITHME RÉPARTI

Cette description purement physico-chimique a des conséquences vertigineuses. Rendez-vous bien compte que les cellules embryonnaires sont initialement toutes identiques. Et chaque cellule n'a qu'une vision très locale de la forme de l'embryon. Chacune n'est en fait sensible qu'aux forces mécaniques et à la concentration en éléments chimiques au niveau de sa membrane. Telles sont les « instructions » fournies aux cellules.

Le plus perturbant, c'est le fait que ces « instructions » n'ont pas été fournies par un grand architecte qui aurait une vue d'ensemble. Elles ont été communiquées à la cellule par les cellules voisines, qui elles aussi ont une vision très locale de la forme de l'embryon.

L'algorithme de la morphogénèse est un algorithme entièrement réparti. Il ne contient pas de cellule dirigeante en charge de la gestion de projet du développement de l'embryon !

Malgré ces conditions de travail, les cellules embryonnaires coopèrent avec brio. Elles réussissent l'exploit de former des tissus spécialisés, et ainsi de concevoir un organisme complet à la structure incroyablement complexe.

Plus surprenant encore, le taux de succès de cette entreprise est élevé. Malgré la complexité de leur tâche, et malgré les innombrables perturbations physico-chimiques auxquelles ces cellules embryonnaires sont inévitablement confrontées, il est relativement rare que ces cellules génèrent des malformations – même si, malheureusement, ces malformations surgissent parfois.

Les machines ont clairement beaucoup à apprendre de cette décentralisation de l'information pour résoudre une tâche complexe. Des robots au comportement collectifs sont déjà programmés, on parle alors de « robotique en essaim ».

Ce domaine de recherche est d'autant plus intéressant que, comme nous l'avons vu précédemment et comme nous le verrons dans le prochain chapitre, les IA modernes répartissent leurs calculs sur de nombreuses machines, et n'ont donc qu'une vue locale de la structure grâce à laquelle elles résolvent les problèmes qui leur sont assignés.

LE RÉPLICATEUR DE VON NEUMANN

Dans les années 1940, un autre génie des mathématiques du calcul, John von Neumann (1903-1957), avait étudié des algorithmes du vivant. Alors que Turing s'est intéressé à la morphogénèse, von Neumann avait étudié le mécanisme fondamental de l'hérédité, à savoir la réplication de l'information génétique. En particulier, von Neumann se demanda si ce processus pouvait être entièrement algorithmique.

Il est utile de se replacer dans le contexte de l'époque. La structure moléculaire en double hélice de l'ADN n'avait pas encore été découverte. L'idée que cette transmission puisse être entièrement algorithmique restait très spéculative. En outre, les machines à calculer contemporaines de Neumann étaient très rudimentaires ; l'idée d'élaborer des algorithmes complexes était encore en grande partie un fantasme de théoricien.

Malgré ces freins, von Neumann réussit à élaborer un modèle de calcul, appelé « automate cellulaire », qui répondait à son objectif. Un tel automate est défini par une grille bidimensionnelle de « cellules », et d'un ensemble de règles régissant les changements d'état de ces cellules. Les états évoluent en effet au cours du temps : l'état d'une cellule à un instant donné dépend de son état à l'instant précédent, et de l'état des cellules voisines. À chaque pas de temps, les états évoluent sur toute la grille et produisent ainsi une nouvelle génération de cellules.

L'automate cellulaire imaginé par von Neumann s'appuie sur vingt-neuf états possibles. Imaginez que chaque état correspond à une couleur. À chaque pas de temps, chaque cellule change de couleur en fonction de sa couleur actuelle et des couleurs des cellules voisines. Un tableau précise les règles de changement de couleur.

Une fois ces règles de transitions de couleurs prédéfinies, et une fois une configuration initiale décrite, l'automate de von Neumann est parfaitement déterministe. Il suffit d'appliquer les règles pour prédire le futur de l'automate. Néanmoins, malgré ce déterminisme de l'automate, et malgré le caractère local des règles appliquées, il s'y développe des structures qui possèdent les propriétés fondamentales de réplication et de mutation du vivant ! Chaque erreur de réplication entraîne une mutation.

De façon plus intrigante encore, von Neumann parvint à identifier de telles structures, aujourd'hui appelées « constructeurs universels », ou parfois plus simplement « réplicateurs de von Neumann ». Le réplicateur imaginé par von Neumann était gigantesque. Il correspondait à un arrangement particulier de centaines de milliers de cellules de l'automate !

Or, la structure du réplicateur repéré par von Neumann s'est révélée incroyablement proche de celle que les biologistes allaient découvrir plus tard dans le monde vivant. Celui-ci était composé d'une sorte de petite machine à répliquer accompagnée d'une très longue bande. Il ressemble très fortement à la combinaison d'un ribosome et d'un très long brin d'ADN !

La structure du réplicateur de von Neumann est incroyablement complexe. Von Neumann ne disposant pas de machine à calcul suffisamment puissante, il dut décrire son réplicateur dans un texte... qui constitue un livre de presque 400 pages ! Intitulé *Theory of Self-Reproducing Automata*, il fut publié deux décennies plus tard, à titre posthume, après avoir été complété par le mathématicien américain Arthur Burks.

Mais ce n'est pas tout. Les calculs requis pour faire évoluer le réplicateur de von Neumann étaient également monumentaux. De nos jours, il est possible de télécharger et d'exécuter ce réplicateur, notamment grâce au logiciel *Golly*, mis à disposition sur internet par les développeurs Andrew Trevorrow et Tomas Rokicki. Le nombre d'itérations nécessaires pour effectuer une réplication complète est de l'ordre du milliard ; même sur nos machines modernes, la simulation prend plusieurs secondes. On est très loin de la possibilité de simuler toute une évolution darwinienne de réplicateurs de von Neumann !

Les calculs requis par le réplicateur de von Neumann transcendent ce dont un cerveau humain est capable. Néanmoins, von Neumann est parvenu à montrer que sa structure algorithmique est capable de porter une information génétique, de la modifier et de la répliquer. Un algorithme est donc capable de s'exécuter sur un support physique, de muter son propre code et de le répliquer en effectuant des copies du support physique. Tous les ingrédients fondamentaux du vivant sont parfaitement simulables par un algorithme !

LES ALGORITHMES GÉNÉTIQUES

Quand les biologistes parlent de la diversité des espèces dans le monde vivant, ils en viennent rapidement à parler d'un processus appelé l'« évolution ». Son moteur est le hasard ; son filtre est la sélection naturelle. Dans son célèbre livre de 1859, *De l'Origine des espèces*, Charles Darwin (1809-1882) imagina ainsi la possibilité que les organismes vivants se soient énormément complexifiés au fil du temps. Ces transformations sont triées au fur et à mesure par la sélection naturelle ; seuls les individus les plus adaptés à leur milieu survivent.

À l'origine, le vivant était extrêmement simple. Il s'agissait probablement de simples molécules organiques capables de se répliquer, et surtout, de subir des modifications au cours de la réplication tout en préservant la capacité de réplication. Ces mécanismes, filtrés par la sélection naturelle, ont créé la grande diversité des espèces vivantes.

Cependant, toutes les formes de molécules autoréplicantes ne persisteront pas. En effet, ces molécules ont besoin de ressources pour se répliquer, en particulier d'autres atomes et de l'énergie. Or ces ressources sont limitées. Il y a aura donc nécessairement une compétition. Seuls les vainqueurs de cette compétition se répliqueront, et verront leur forme perdurer. Tout se passe comme si la Nature ne sélectionnait que les structures les plus efficaces dans leurs capacités de réplication. Voilà qui a permis l'élimination progressive de structures vivantes moins adaptées à leur milieu, ne laissant place qu'à des organismes dont les facultés de réplication reposent sur une formidable complexité.

« Il y a une connexion évidente entre le processus [d'apprentissage] et l'évolution. »

Alan Turing, 1950

Les principes de l'Évolution paraissent parfois si simples qu'il paraît inimaginable qu'ils expliquent la complexité actuelle du monde vivant. C'est d'ailleurs un argument (fallacieux) des créationnistes, qui ne comprennent pas comment le hasard, passé au filtre de la sélection naturelle, a pu aboutir à la formation d'un organe aussi spécialisé et complexe que notre œil. Pour mieux comprendre la capacité stupéfiante de principes simples à nous surprendre, il faut se rappeler que les principes de l'Évolution ont été appliqués des milliards de milliards de fois, au cours de milliards d'années d'Évolution, les premières traces de vie sur Terre datant d'environ 3,8 milliards d'années.

Ces échelles de temps sont très largement hors de notre portée. À titre de comparaison, un humain ne vit que quelques milliards de secondes seulement – et sa capacité d'attention n'est pas toujours à son maximum pendant ce laps de temps ! Dès lors, il est très présomptueux d'imaginer ce qui surviendrait après des calculs aussi longs. C'est sans doute une des raisons pour lesquelles notre intuition est mise à mal par les facultés stupéfiantes de l'Évolution à produire la biodiversité que l'on connaît aujourd'hui – et par celles des IA à nous surprendre.

Cela dit, il existe une approche plus convaincante pour se rendre compte du potentiel de l'Évolution : il suffit de la simuler sur une machine. De tels algorithmes qui se fondent sur l'évolution par sélection naturelle sont appelés « algorithmes génétiques ». Comme nous l'avons mentionné au chapitre 5, ils ont d'ailleurs été proposés par Turing dès 1950 comme solution potentielle pour concevoir des intelligences artificielles.

Les algorithmes génétiques consistent à concevoir des familles d'algorithmes, puis à les amener à « se croiser » et à « muter » aléatoirement, pour créer de la diversité dans cette famille d'algorithmes. Régulièrement, les algorithmes les moins performants sont supprimés de la famille, comme s'ils avaient été éliminés par la sélection naturelle, à partir de critères prédéfinis. L'espoir de Turing, c'était que les algorithmes survivants atteignent des performances de plus en plus stupéfiantes.

De nos jours, ces algorithmes génétiques sont appliqués quotidiennement pour trouver des solutions qu'on ne sait pas calculer autrement. Typiquement, pour déterminer des architectures de réseaux de neurones, les algorithmes génétiques vont simuler des croisements et des mutations d'architectures différentes, générant ainsi toute une panoplie d'architectures. Puis les architectures dont les performances sont trop faibles sont supprimées, ce qui isole une population prometteuse de réseaux de neurones. Ces itérations de croisements et de sélections sont ensuite répétées. Ces algorithmes ont par exemple été utilisés dans des jeux comme Pacman, mais aussi dans le cadre de tests d'applications informatiques (Motorola), ou l'optimisation de la démarche des robots (*Pathfinder* sur Mars, ou Aibo de Sony).

Ainsi, à l'instar de l'Évolution darwinienne, les algorithmes génétiques pourraient aider à sélectionner les meilleurs algorithmes d'apprentissage-machine.

BANCS DE POISSONS ET COLONIES DE FOURMIS

En plus de s'inspirer du processus de l'évolution, les IA gagneraient également à s'inspirer de son résultat actuel, c'est-à-dire des espèces vivantes. En effet, parce que ces organismes ont survécu à des millions d'années de sélection naturelle, il faut s'attendre à ce qu'ils adoptent désormais des formes et des comportements redoutablement efficaces.

Les comportements collectifs des nuées d'oiseaux ou des bancs de poissons font ainsi l'objet de nombreuses études. « Le vol des oiseaux dure depuis des millions d'années. Des milliards et des milliards d'oiseaux y ont participé et se sont améliorés », explique Bernard Chazelle[13]. « C'est un peu comme une mine d'or. Quand je regarde une migration, un vol d'oiseaux, j'ai l'impression de voir [quelque chose] comme les joyaux de la couronne. C'est une des choses les plus belles, les plus saisissantes et les plus mystérieuses. »

Dans une nuée d'oiseaux ou un banc de poissons, les interactions entre individus se font uniquement à l'échelle locale, ce qui n'empêche pas l'émergence de comportements de groupe complexes : des petits poissons peuvent par exemple nager dans le sillon les uns et des autres pour réduire l'effort nécessaire pour se déplacer, ou s'agglomérer pour faire croire à un prédateur qu'il a à faire à un monstre des mers. Leur étude a ainsi mis en exergue l'importance de l'algorithmique répartie pour permettre à des systèmes complexes de se doter de facultés d'apprentissage au niveau global.

L'un des cas les plus spectaculaires d'intelligence collective qui émerge d'interactions individuelles est sans doute le cas des colonies de fourmis. Les ouvrières qui partent en quête de nourriture et trouvent leur bonheur déposent ensuite des molécules spécifiques, appelées phéromones, sur le chemin du retour ; elles créent ainsi une véritable « piste » pour les suivantes. À l'aide d'individus spécialisés et de cette communication chimique, les colonies de fourmis sont ainsi capables de repérer une source de nourriture et de mobiliser un nombre adéquat d'individus pour la collecter. Qui plus est, l'afflux de nouvelles fourmis renforce les chemins les plus efficaces au détriment des autres, ce qui permettra à la colonie d'identifier le plus court chemin vers la nourriture[14] ! Un robot multipattes s'inspire de cela en apprenant à marcher grâce à un algorithme génétique. Il réplique en quelque sorte la marche « déjà optimisée » d'un être vivant à travers plusieurs siècles d'Évolution.

LE CERVEAU BAYÉSIEN

Nous avons déjà mentionné dans ce livre, à plusieurs reprises, des pistes de création d'IA inspirées du fonctionnement humain. Quand il s'agit d'intelligence, nous autres humains avons la tentation de considérer que nos cortex cérébraux sont le plus beau fruit de l'Évolution par sélection naturelle. Du haut de nos cent milliards de neurones, nous sommes en effet la première espèce vivante à être parvenue à démontrer le théorème de Pythagore, à concevoir une théorie du calcul, ou encore à fabriquer des calculateurs pour appliquer des algorithmes que nous avons en tête mais ne souhaitons pas exécuter nous-mêmes.

Alors pourquoi ne pas s'inspirer de ces brillants cortex cérébraux pour concevoir des intelligences artificielles ? C'est en partie ce que proposait Turing en 1950, en insistant sur l'importance de l'apprentissage pour les intelligences artificielles. De plus, on dit souvent des réseaux de neurones artificiels qu'ils ont été inspirés des réseaux de neurones humains – quoique leurs fonctionnements semblent en fait assez différents. D'ailleurs, les réseaux de neurones dits « de convolution » utilisés par les IA pour effectuer de l'analyse d'images (comme ceux qui identifiaient notre chat au chapitre 4) sont partiellement inspirés de la structure en couches du cortex visuel.

Cependant, s'inspirer du cerveau humain semble avoir ses limites, pour deux raisons. En premier lieu, le support de calcul des machines diffère radicalement du support de calcul du cerveau. Les machines disposent

> « La seule façon de permettre à l'intelligence artificielle de fonctionner est de faire un calcul similaire à celui du cerveau humain. »
> Geoffrey Hinton, 2019

de nombreux points forts, comme la fiabilité du stockage de l'information ou la vitesse de calcul, par opposition au cerveau humain. Les IA auront tout intérêt à exploiter ces points forts.

En second lieu, nous comprenons très peu le cerveau humain. Après tout, sa complexité est telle que la simple description exacte de ce cerveau nécessiterait des milliards de tomes ! Il n'est même pas clair qu'il y ait un sens à « comprendre » le cerveau humain.

Toutefois, à défaut de comprendre pleinement le cerveau humain, on peut peut-être s'attacher à décrire certains processus de ce cerveau. Ces progrès en neuroscience pourraient ensuite permettre des avancées en IA. C'est avec cet objectif, entre autres, que fut lancé le « Human Brain Project » à l'École Polytechnique Fédérale de Lausanne en 2013 ; des scientifiques tentent de reproduire l'activité neuronale d'un cerveau complet à l'aide d'un superordinateur.

L'aspect le plus important du cerveau humain est peut-être l'algorithme d'apprentissage que celui-ci utilise pour nourrir son intelligence. À cet égard, une hypothèse née dans les années 1980 semble avoir pris de l'ampleur dans les années récentes, à savoir l'hypothèse dite du

« cerveau bayésien ». Selon cette hypothèse, de nombreux calculs du cerveau humain ressemblent fortement à l'exécution approximative d'une équation fondamentale des probabilités appelée « formule de Bayes »[15].

Par exemple, dans son cours au collège de France, le neuroscientifique Stanislas Dehaene explique que les illusions d'optique peuvent naturellement s'expliquer par une application approximative de la formule de Bayes dans des contextes inhabituels. En effet, la formule de Bayes donne une importance particulière à l'*a priori*, c'est-à-dire à ce qu'on s'attend à voir. Or, nos cerveaux s'attendent à voir ce qu'il est habituel de voir, notamment dans la nature. Il cherche donc à voir des choses qui lui sont habituelles, y compris dans des images clairement conçues pour le piéger.

Cette hypothèse du cerveau bayésien a aussi été confortée par des études du neuroscientifique Joshua Tenenbaum, notamment via ce qu'il a appelé le « scandale de l'induction ». Tenenbaum illustre ce « scandale » par notre faculté à apprendre le sens d'un mot inventé, comme le mot « tufa », à l'aide uniquement de trois images de tufas. Étrangement, malgré le peu d'exemples et l'absence de définition, après avoir été exposés à ces images, nous sommes tous d'accord sur ce qu'est un tufa.

Tenenbaum suggère que notre faculté à généraliser, à partir d'une poignée d'exemples seulement, s'explique par l'exécution d'algorithmes approximativement bayésiens par nos cerveaux de primates.

L'ALGORITHMIQUE QUANTIQUE

Dans les années 1980, les physiciens Richard Feynman (1918-1988) et Yuri Manin (né en 1937) proposèrent de s'inspirer d'un autre aspect de la Nature pour concevoir des algorithmes surpuissants. Cette fois, il ne s'agissait pas de s'inspirer du monde vivant, mais de plonger dans la nature intime de notre univers. En un mot : d'exploiter les bizarreries de la mécanique quantique.

Introduite au début du XXe siècle, la mécanique quantique est devenue depuis, et de très loin, la théorie la plus crédible et la plus féconde de la physique moderne. C'est en s'appuyant sur cette théorie fondamentale que les physiciens ont conçu bon nombre de technologies modernes, des transistors aux lasers.

Piège à ions, sur lesquels sont ensuite effectuées des opérations quantiques.

Cependant, cette théorie des échelles atomiques est aussi l'une des théories les plus surprenantes et les plus contre-intuitives jamais proposées par les physiciens. On y trouve de nombreux paradoxes apparents, du chat de Schrödinger à la fois mort et vivant, à l'intrication quantique non-locale qui permet à deux individus infiniment éloignés de s'influencer mutuellement de manière instantanée.

La bizarrerie de la mécanique quantique offre aussi de nouvelles opportunités – et plus particulièrement, pour le sujet qui nous intéresse, une nouvelle algorithmique. On parle d'« algorithmique quantique ».

Pour être précis, l'algorithmique quantique n'augmente pas les facultés de l'algorithmique. Tout algorithme quantique peut être exécuté par un ordinateur classique. Cependant, en exploitant les bizarreries quantiques, l'exécution d'un algorithme quantique sur un ordinateur quantique peut être redoutablement plus efficace que son exécution sur un ordinateur classique. L'algorithme quantique permet l'accélération, parfois spectaculaire, des vitesses de calcul.

Détaillons. Contrairement à l'algorithmique classique, qui manipule des bits pouvant prendre deux états seulement, implémentée par nos ordinateurs actuels, l'algorithmique quantique s'appuie sur des qubits. Ces qubits ne portent plus une information binaire en tout-ou-rien, mais une superposition des deux états « 0 » et « 1 ». De plus, les qubits peuvent être « intriqués », ce qui démultiplie le nombre d'états quantiques envisageables.

Les perspectives sont époustouflantes. L'intrication de seulement 53 qubits produit 2^{53} « jauges quantiques », ce qui correspond à des millions de milliards de bits classiques. Mieux encore, avec 300 qubits intriqués, on dote l'ordinateur quantique de davantage de jauges quantiques qu'il n'y a de particules (et donc de bits classiques potentiels) dans l'Univers ! Les ordinateurs quantiques disposent d'une énorme capacité de mémoire.

Cependant, les équations de la mécanique quantique imposent des contraintes sur les manipulations des jauges. Une jauge quantique[16] ne peut pas se manipuler comme un bit classique. Toute modification d'une jauge quantique modifiera nécessairement immédiatement l'état des autres jauges. Plus précisément, toute manipulation des jauges quantiques repose sur des portes quantiques[17]. Chaque porte quantique agit simultanément sur tout un sous-ensemble de jauges d'une manière très spécifique. Contrainte par les lois de la mécanique quantique, une porte quantique ne peut pas manipuler ces jauges n'importe comment. Dès lors, écrire un algorithme quantique consiste à déterminer la succession adéquate de ces portes quantiques.

En fait, programmer un ordinateur quantique de manière efficace est une tâche monumentale. En particulier, l'algorithmique quantique ne correspond absolument pas à une parallélisation du calcul classique. Comme l'explique l'informaticien quantique Scott Aaronson, « les algorithmes quantiques ne résoudront pas les problèmes de recherche difficiles instantanément, en testant simplement toutes les solutions d'un coup». L'algorithmique quantique est beaucoup plus subtil, complexe et fascinant que cela.

Il reste d'ailleurs énormément à explorer et à découvrir en algorithmique quantique. Aujourd'hui, on ne connaît encore qu'une poignée de problèmes dont la résolution par un ordinateur quantique sera plus rapide que par un ordinateur classique[18].

Toutefois, dans l'écrasante majorité des cas, l'ordinateur classique sera en fait probablement plus rapide et plus fiable que l'ordinateur quantique, y compris sur le long terme. En particulier, si l'algorithme utilisé n'exploite pas l'intrication ou la superposition quantique, il lui faudra autant d'étapes de calculs quantiques que d'étapes de calculs classiques. Or, à chaque seconde, les ordinateurs classiques seront probablement capables d'effectuer un bien plus grand nombre d'étapes de calculs classiques, que le nombre d'étapes de calculs quantiques dont un ordinateur quantique sera capable.

Pour exploiter l'algorithmique quantique, il faudra encore relever de nombreux autres défis comme la conception d'ordinateurs quantiques fiables. Malheureusement, pour l'instant, il reste difficile de créer, et surtout de maintenir, les états quantiques intriqués nécessaires à l'accélération quantique. Qui plus est, ces états sont fragiles: les ordinateurs quantiques souffrent souvent d'erreurs de calculs quantiques. Pour les rendre fiables, en dehors de l'amélioration des composants physiques des ordinateurs quantiques, les chercheurs travaillent également sur des algorithmes quantiques de correction d'erreurs.

Il semble que la conception de machines quantiques fiables et performantes nécessitera encore beaucoup de recherches – et il n'est pas encore dit que ces recherches auront des applications importantes pour la conception d'algorithme d'apprentissage. Cependant, la recherche en algorithmique quantique est encore jeune. Qui sait ? On découvrira peut-être un jour que l'IA gagnerait à exploiter la vitesse de certains algorithmes quantiques.

CHAPITRE 8

L'IA EST-ELLE UN DANGER POUR L'HUMANITÉ ?

Selon le physicien Stephen Hawking, l'IA aidera peut-être à éliminer la pauvreté et la plupart des maladies… mais elle pourrait aussi devenir le plus grand danger jamais affronté par l'humanité ! De nombreuses personnalités ont partagé des inquiétudes similaires. L'IA est-elle vraiment une menace pour les êtres humains, voire pour l'humanité en tant qu'espèce ?

Ces dernières années, les médias se sont fait le relais de nombreuses angoisses au sujet de la place que les IA pourraient prendre dans notre monde.

En 2018, Elon Musk, dirigeant de Tesla, s'est ainsi déclaré effrayé par les progrès récents des IA : « Nous sommes très proches d'une percée dans l'IA, et j'en ai la chair de poule. […] Notez bien que l'IA est beaucoup plus dangereuse que l'arme nucléaire. De loin. Alors, pourquoi n'avons-nous pas mis en place une instance de surveillance ? C'est complètement fou. »

> « Nous sommes très proches d'une percée dans l'IA, et j'en ai la chair de poule. »
>
> Elon Musk, 2018

Bill Gates, fondateur de Microsoft, partage ce sentiment d'une crise existentielle majeure ; mais c'est en tant qu'armes de guerre que les IA l'inquiètent le plus.

Mentionnons encore Yuval Noah Harari, auteur du best-seller *Sapiens : une brève histoire de l'humanité*. Pour lui, les progrès technologiques finiront par rendre l'espèce *Homo sapiens* complètement obsolète ; elle sera balayée par une nouvelle race d'hommes « augmentés ». Il prédit que les algorithmes inscrits dans le silicium et le métal remplaceront les algorithmes inscrits dans la chair !

Ces inquiétudes se reflètent depuis longtemps dans la culture populaire. Les exemples d'œuvres qui s'en inspirent sont nombreux. Dans le film *2001, l'Odyssée de l'espace*, réalisé par Stanley Kubrick en 1986, un ordinateur sentient décide de tuer des humains à bord du vaisseau qu'il contrôle. Dans la saga *Terminator*, l'IA Skynet tente d'exterminer l'humanité. Dans *Matrix*, les machines ont asservi les humains pour s'en servir de source d'énergie. Etc.

LES IA MALVEILLANTES

En 1942, Isaac Asimov (1920-1992), le génial scientifique et écrivain de romans de science-fiction, avait réfléchi aux problèmes éthiques et moraux posés par les IA. Il en avait prédit quelques effets dangereux, et avait notamment imaginé une charte stipulant qu'une IA ne devait jamais être conçue pour faire du mal à un être humain (ce sont les fameuses « lois de la robotique »). À ce jour, nous sommes encore loin d'avoir établi une telle charte.

En fait, nous prenons plutôt la direction contraire. Il existe aujourd'hui des projets gigantesques de fabrication d'armes autonomes s'appuyant sur l'IA. Les drones actuels nécessitent encore des pilotes ; mais dans le futur, des drones autonomes, armés d'algorithmes de reconnaissance de visages, pourraient être programmés pour tirer sur une cible prédéfinie ou sur tout individu jugé dangereux par l'IA.

Bien entendu, de telles armes sont présentées comme purement défensives par les concepteurs de ces armes, leur objectif déclaré étant de sauver des vies humaines. Ne soyons pas naïfs : le développement d'armes autonomes défensives facilitera la production d'armes autonomes offensives.

Dans un futur proche, les armes autonomes pourraient s'avérer dangereuses à la fois à l'échelle individuelle, si leur fabrication est possible à des coûts abordables, et à l'échelle internationale, si des armées

> « Le développement de l'IA pourrait mettre fin à l'espèce humaine. »
>
> Stephen Hawking, 2014

investissent dans leur production massive. Le Président russe Vladimir Poutine a ainsi déclaré que celui qui contrôlera l'IA… contrôlera le monde ! Et pour contrôler le monde, quoi de mieux que la possession d'armes autonomes ?

Sans aller jusqu'à de tels extrêmes, le déploiement de l'IA par toutes sortes d'entités plus ou moins bienveillantes est très préoccupant. Certains gouvernements développent ainsi l'IA pour améliorer le contrôle et la surveillance des populations, notamment via la reconnaissance faciale, ou le contrôle à grande échelle des traces laissées par les internautes. Par exemple, Londres est désormais remplie de caméras de surveillances ; et l'IA permet maintenant d'analyser l'immense quantité de données collectées par ces caméras. Si cette surveillance est potentiellement efficace en termes de sécurité, l'utilisation abusive de ces outils porte atteinte aux libertés des individus.

Un autre exemple : des algorithmes avancés sont désormais capables de créer des fausses vidéos, plus vraies que nature, en superposant les mimiques et la voix d'une personne sur celles d'une autre. Ces vidéos, appelées « *deepfakes* », sont de plus en plus difficiles à reconnaître. Ces techniques sont utiles, notamment pour les trucages au cinéma ; mais elles ne sont pas toujours employées à bon escient. De telles vidéos sont parfois créées à de mauvaises fins, pour décrédibiliser des personnages publics ou pour tromper les spectateurs. De telles techniques pourraient servir à des manipulations politiques.

Plus généralement, de nombreuses personnes mal intentionnées exploitent d'ores et déjà des outils algorithmiques pour escroquer leurs victimes. Certains s'appuient sur le *phishing*, une technique qui consiste à montrer à un utilisateur une page qui ressemble, par exemple, à la page d'accueil de sa messagerie, et de recueillir ses codes d'accès. Le fraudeur peut alors envoyer des courriers électroniques au nom de l'utilisateur, en se faisant passer pour ce dernier, pour défendre une cause, promouvoir un produit ou encore soutirer de l'argent.

Un autre piège est le *ransomware*, où le fraudeur parvient à prendre le contrôle de certains fichiers de l'utilisateur, et à chiffrer ces fichiers. Le malfaisant peut alors exiger une rançon pour déchiffrer ces fichiers, et permettre à l'utilisateur d'y accéder à nouveau. Aujourd'hui, ces attaques n'utilisent généralement pas d'IA. Cependant, elles pourraient être amplifiées et aggravées par l'utilisation d'IA capables de personnaliser ces attaques pour chaque victime ciblée. Imaginez par exemple que le fraudeur imite à la perfection le style d'écriture d'un ami, grâce à une IA qui s'inspire de l'ensemble de ses messages ; et que ce dernier vous invite à envoyer rapidement une somme d'argent ! À l'aide des *deepfakes*, le fraudeur pourrait même vous appeler au téléphone et se faire passer pour votre ami, ce qui pourrait alors paraître très convaincant – surtout si on ne s'en méfie pas.

LES BIAIS DES IA

Il semble facile de pointer les intentions des programmeurs dans les menaces posées par l'IA. Hélas, les choses ne sont pas si simples. Une IA peut nuire aux humains même si l'intention de celui qui la programme est tout à fait louable.

En effet, garantir le fait qu'une IA ne nous nuira pas est en fait un problème très difficile ! Nous allons en présenter plusieurs raisons, en gardant les plus hypothétiques – mais aussi les plus effrayantes – pour la fin.

Commençons par ce que l'on appelle parfois les « biais de l'IA ». Pour comprendre en quoi un algorithme – qui n'a pas de jugement propre – peut être biaisé, il faut se rappeler que de nombreux algorithmes s'appuient sur l'apprentissage-machine. Et les données d'entraînement sont cruciales pour définir les performances ultérieures de l'algorithme.

Prenons l'exemple d'une IA destinée à repérer les chats noirs sur des photos. Durant la phase d'apprentissage, des photos lui sont présentées, en précisant lesquelles contiennent des chats noirs. On s'attend ensuite à ce que l'IA reconnaisse elle-même les chats noirs durant la phase de déploiement.

Imaginons cependant que toutes les photos avec des chats noirs présentées à l'algorithme durant cette phase, aient, par le plus grand hasard, un arrière-plan vert, tandis que les photos sans chats noirs n'ont pas un tel arrière-plan.

L'IA risque de ce fait de considérer qu'un critère crucial pour distinguer les photos de chats noirs des autres photos est la couleur de l'arrière-plan. En phase de production, l'algorithme risque alors de considérer que des vaches qui paissent dans un champ sont des chats noirs.

L'algorithme s'est-il trompé ? Par rapport à notre intention, certainement. Par rapport à ce qui lui a été demandé, certainement pas. Ce sont les biais dans les données d'entraînement qui ont conduit l'IA à généraliser les mauvais aspects de ces photos.

Cela peut être amusant quand il s'agit de chats et de vaches. Cela l'est moins quand un algorithme de classement automatique de photos développé par Google confond une personne de couleur avec un gorille – ce qui s'est malheureusement produit en 2015. Certains biais des IA ont déjà eu des conséquences sociales très nuisibles.

Par exemple, si une banque veut prédire quelles demandes de crédits seront solvables, elle pourrait concevoir une IA qui sélectionnerait seulement les dossiers des hommes blancs diplômés. Ce biais ne serait pas dû à un programmeur mal intentionné : il aurait simplement demandé à l'IA d'apprendre ce qui distingue les cas de solvabilité et les cas de non-solvabilité dans les données historiques. Or, par le passé, il se pourrait que les crédits alloués à des hommes blancs diplômés se soient révélés être les plus solvables. L'IA aurait ensuite généralisé et amplifié ce biais.

Ce cas n'est malheureusement pas le seul. Un autre cas très médiatisé est celui du logiciel *COMPAS (Correctional Offender Management Profiling for Alternative Sanctions)* qui est utilisé aux États-Unis comme outil d'aide à la décision pour prédire les risques de récidive. L'algorithme fournit son estimation à partir d'une centaine de facteurs, dont l'âge, le sexe et le casier du criminel. Deux ans après le déploiement de *COMPAS*, une étude a montré que cette IA a surestimé le risque de récidive des Afro-Américains, et sous-estimé celui des Blancs. Historiquement, il se commet en effet plus de crimes chez les groupes socialement défavorisés, un constat qui inclut certaines communautés noires. Résultat : l'IA a fait le lien entre couleur de peau et délinquance, amplifiant l'iniquité initiale.

Un dernier exemple est celui d'un logiciel de recrutement, testé par Amazon, qui a fait scandale en 2015. Ce dernier éliminait systématiquement les CV des femmes, à compétences égales par rapport aux hommes. En effet, les femmes sont pour l'instant moins nombreuses que les hommes dans les entreprises High-tech. L'IA avait été entraînée sur une base de données biaisée et répercutait ce biais.

Pour éviter de concevoir des IA biaisées, les programmeurs doivent donc prendre le temps de réfléchir aux risques de biais appris des données. Malheureusement, il n'est pas simple de corriger les biais des IA. Il existe grossièrement deux manières d'y arriver.

D'une part, le développeur peut s'assurer que les données fournies en amont soient suffisamment variées et garantir leur qualité. La tâche est herculéenne. Pour atteindre des performances respectables, les IA doivent s'appuyer sur des millions de données d'entraînement, voire beaucoup plus encore. Vérifier la qualité et la diversité d'une telle montagne de données n'est pas humainement faisable. De nombreux développeurs réutilisent encore des librairies et des bases de données mises à disposition par d'autres.

D'autre part, le développeur peut essayer de corriger les algorithmes en aval. L'idée consiste à introduire des contraintes sur les résultats escomptés, et à induire ainsi une sorte de « discrimination positive ». D'une certaine manière, il introduit des biais « opposés » à ceux des données ; mais comment les régler de la façon la plus « juste » ? Un véritable casse-tête !

LES VULNÉRABILITÉS DES IA

Les biais des IA ne forment qu'une partie du problème. Une autre raison pour laquelle les IA peuvent devenir nuisibles vient du fait que celles-ci interagissent avec des utilisateurs potentiellement malveillants. Ces utilisateurs exploiteront par exemple les vulnérabilités des IA pour les détourner de leur objectif initial. Même si une IA n'est pas vraiment nuisible, son déploiement à grande échelle le deviendrait, car elle donnerait ainsi un pouvoir démesuré aux utilisateurs malveillants.

Par exemple, depuis quelques années, les géants du web comme YouTube, Facebook et Twitter ont développé toutes sortes d'algorithmes pour détecter et supprimer les comptes tenus par des utilisateurs qui ne respectent pas les règles d'utilisation. Malheureusement, ces IA défensives ne sont pas parfaites ; et surtout, la capacité de nuisance de ces utilisateurs est sans limite.

Prenons le cas des vidéos pédophiles sur YouTube. Des moyens considérables ont sans doute été investis pour rendre performante l'IA de filtrage. Cette IA a probablement atteint des performances stupéfiantes ; elle est peut-être valide à 99,99 %. Pas mal... mais insuffisant. En effet, il suffit alors qu'un million de vidéos pédophiles soient mises en ligne pour qu'une centaine passe le filtre.

Mais il y a pire. Les utilisateurs de YouTube interagissent avec la plateforme. Dès lors, les utilisateurs malveillants pourraient remarquer qu'un réglage particulier des vidéos, peut-être avec une certaine balance des blancs inhabituelles ou un effet *fish-eye*, rend la pédophilie invisible pour l'IA de censure. Dans le jargon, on parle alors d'« attaques par évasion », car l'attaquant a réussi à éviter la censure en truquant légèrement ses données. Malheureusement, les IA d'aujourd'hui sont rarement robustes à ce type d'attaque.

Il y a peut-être pire encore, à savoir les attaques par empoisonnement. Aujourd'hui, les IA les plus puissantes profitent des données fournies sur Internet pour apprendre. L'apprentissage-machine nécessite en effet énormément de données ; quoi de plus naturel que de puiser dans cette manne ? Cependant, ces données sont fournies par des utilisateurs, potentiellement malveillants. Un concurrent de Google pourrait ainsi souhaiter affaiblir les IA de Google en leur fournissant des données trompeuses. Dès lors, l'IA risque d'apprendre de données erronées ou trompeuses – comme si l'attaquant avait empoisonné les données d'apprentissage de l'IA.

Enfin, une troisième vulnérabilité des IA provient de leurs défaillances potentielles quand l'environnement dans lequel elles sont déployées change. En effet, les IA sont souvent entraînées dans un cadre donné. Elles ont appris à bien se comporter dans ce cadre. Cependant, le simple déploiement d'une IA modifie l'environnement. Ainsi, à chaque fois que l'IA de YouTube modifie sa manière de recommander des contenus – par exemple en recommandant davantage de contenus provocants, ces contenus suscitant plus d'engagement chez les spectateurs –, les créateurs de contenus YouTube modifient eux aussi leurs créations pour être recommandés. L'écosystème de YouTube aura alors changé et contiendra peut-être plus de vidéos d'appel à la haine. L'IA de YouTube pourrait alors être inadaptée dans ce nouvel écosystème; par exemple en recommandant toujours plus d'appels à la haine, ce qui n'était pas son cadre de « bon fonctionnement » idéal.

L'ERREUR EST HUMAINE, MAIS PAS UNIQUEMENT

Admettons désormais que les programmeurs ont réussi à éviter les biais et à combler les vulnérabilités des

IA. Cela suffira-t-il à garantir que les IA fonctionneront comme attendu ?

En 1996, la fusée *Ariane 5* explosa en vol. Cinq cent millions de dollars partirent en fumée en quelques instants. La cause de cet échec cuisant était une toute petite erreur informatique. Certains parlent du « bug » informatique le plus cher de l'histoire. Nous pourrions aussi parler du plus bête.

Le système informatique d'*Ariane 4* avait parfaitement fonctionné. Les ingénieurs avaient donc décidé de reprendre exactement le même pour *Ariane 5*. En particulier, ils ont décidé de coder les variables représentant les caractéristiques de la fusée *Ariane 5* comme ils l'ont fait pour *Ariane 4*, et ils ont réservé à chacune de ces variables le même espace mémoire (16 bits).

Mais les moteurs d'*Ariane 5* sont beaucoup plus puissants que leurs prédécesseurs. Au bout d'une demi-minute de vol, la variable censée représenter l'accélération verticale de la fusée est devenue tellement grande qu'elle a dépassé l'espace qui lui était réservé (il aurait fallu la stocker sur 64 bits). Le système informatique principal est tombé en panne. Le système de secours, étant programmé exactement comme le premier, est tombé en panne à son tour. La fusée a alors fait un virage trop serré et a explosé. Heureusement, sans aucune perte humaine.

L'accident fut plus tragique en 2019, lorsqu'à quelques semaines d'intervalle, deux Boeing 737 affrétés par des compagnies aériennes indonésienne et kenyane se sont écrasés. Les experts ont conclu à un problème du système informatique censé abaisser automatiquement le nez de l'appareil si le pilote le redresse trop. Au cours des deux vols fatidiques, la défaillance d'un capteur a faussé le jugement du système, qui s'est alors obstiné à abaisser le nez de l'appareil alors que la situation exigeait la manœuvre contraire. L'intervention des pilotes pour redresser le fameux nez a malheureusement produit l'effet inverse de celui escompté : le système informatique l'abaissait encore plus. Les enquêteurs ont rapporté qu'au cours d'un des deux accidents, il s'est déroulé une « longue bataille » entre le pilote et le système informatique : le premier redressant le nez et le second l'abaissant, plus d'une vingtaine de fois, avant que l'avion ne s'écrase.

Parfois, l'origine de l'erreur est difficile à déceler avec précision. En 2010, un *flash crash* boursier a provoqué l'« évaporation » de plusieurs milliards de dollars en quelques minutes. Tout est parti d'un ordre de vente réel à la bourse de New York, pour un montant de quelques milliards de dollars, lié à crise de la dette grecque. Un emballement des algorithmes de spéculation (qui réalisent des ventes et des achats plusieurs fois par seconde) a ensuite conduit à un effet domino sur les ordres de vente, sans que des acheteurs se manifestent pour les contrebalancer. Pendant plusieurs années, les rapports sur ce crash se sont succédé ; les analystes ont examiné milliseconde par milliseconde tout ce qui a pu se passer, sans jamais comprendre l'origine exacte du problème.

Le cercle est vicieux. Les IA sont capables d'exploits prodigieux grâce à la puissance des systèmes informatiques sous-jacents. Cela nous encourage à utiliser ces IA dans de nombreuses applications, y compris des applications critiques comme la médecine ou le transport, afin de sauver des vies humaines. Les résultats sont souvent extraordinaires. Mais pas toujours. Notamment car ces systèmes informatiques sont conçus par des humains qui commettent parfois des erreurs. Et quand ces erreurs se produisent, la puissance du système informatique amplifie ces erreurs, avec des conséquences parfois dramatiques.

Ces erreurs peuvent concerner aussi bien la logique des algorithmes que les données qu'ils manipulent. Les erreurs peuvent aussi concerner le matériel qui exécute ces algorithmes. Même quand aucune erreur humaine n'est à déplorer, ce sont parfois des événements naturels qui conduisent à un « bug ». Un phénomène météorologique fera sauter un circuit électrique et conduira à la panne du réseau informatique, par exemple. Et l'on sait par ailleurs que toute machine peut tomber en panne, y compris au plus mauvais moment.

En fait, plus les IA sont déployées dans des environnements complexes, plus leurs composants sont vulnérables. C'est ainsi que, en 2018, une voiture autonome expérimentale Uber a tué un cycliste à cause d'un capteur défaillant. Pour garantir la sécurité des IA, il semble dès lors crucial de les concevoir de sorte qu'elles restent sûres malgré des dysfonctionnements.

Pour assurer la robustesse d'un système, la solution consiste à implémenter une redondance de ses composants, et à vérifier, mathématiquement ou empiriquement, que malgré une panne d'un (petit) sous-ensemble de composants, le système persistera à bien fonctionner.

Typiquement, le système informatique peut être constitué d'un ensemble d'ordinateurs, chacun traitant des données différentes, utilisant des algorithmes différents et mis en œuvre avec des logiciels différents. Le système utilisera par exemple des fonctions d'agrégation de l'apprentissage et des prédictions des différentes machines. Idéalement, le résultat de ces fonctions devra rester le même malgré une défaillance d'une minorité de machines.

De nombreux chercheurs développent de telles fonctions de robustesse des IA. Cependant, de nombreux progrès semblent encore requis pour mieux sécuriser les IA.

LES EFFETS SECONDAIRES

Considérons maintenant des IA développées par des programmeurs bienveillants, dont on a enlevé les biais, comblé les vulnérabilités et garanti la robustesse aux erreurs... Il nous reste malheureusement à neutraliser les effets secondaires inattendus que peut produire leur déploiement à grande échelle.

Le meilleur exemple de ces effets secondaires est sans doute celui des algorithmes de recommandation.

Ils sont conçus pour proposer aux utilisateurs des contenus sur lesquels ils seront incités à cliquer : des nouvelles connaissances potentielles, un autre objet à acheter, un article de presse similaire.... Un tel objectif ne semble pas particulièrement nuisible.

Cependant, quand une IA affecte quotidiennement des milliards d'individus sur Terre, son rôle n'a plus rien de bénin. Dans le cas de Youtube, par exemple, à raison d'un total d'un milliard d'heures de visionnage par jour, dont 70 % sont le résultat de recommandations, l'objectif innocent de l'IA conduit inéluctablement à des effets secondaires d'ampleur planétaire. En fait, les critiques de l'IA de YouTube sont devenues très nombreuses.

Typiquement, ces algorithmes de recommandation nous conduisent à cloisonner nos centres d'intérêt. Il s'agit là d'une conséquence du biais de familiarité : plus une chose nous est familière, plus nous l'apprécions. Mais alors, plus nous apprécions un contenu, plus l'IA de YouTube nous recommandera ce contenu, et plus ce contenu nous deviendra familier. Et plus nous l'apprécierons. Petit à petit, les différentes communautés d'intérêt se referment ainsi sur elles-mêmes, tandis que s'appauvrit l'esprit critique de ses membres. On assiste alors à une polarisation croissante des opinions, et au développement d'une culture de l'entre-soi.

En particulier, les contenus sarcastiques, méprisants, complotistes, abrutissants, indignés ou outranciers semblent particulièrement propices à devenir addictifs.

En nous proposant des contenus que nous voulons regarder, de façon étrange et contre-intuitive, les algorithmes de recommandation semblent avoir des effets extrêmement préoccupants sur les normes et les attitudes prédominantes dans nos civilisations modernes.

Un tout autre effet secondaire préoccupant des IA pourrait être l'automatisation de nombreux métiers. Les médias parlent beaucoup des chauffeurs qui seront remplacés par des véhicules autonomes, mais il y a aussi des caissiers, des standardistes, des pizzaïolos, etc. Bien sûr, on peut voir le bon côté des choses en se disant que ce sont les travaux répétitifs qui seront remplacés par des IA, que les gens pourront se concentrer sur des tâches plus créatives, et que de nouveaux emplois plus intéressants seront créés. Quand on pose la question à Jeff Dean, le grand directeur de l'IA à Google, de savoir si leurs algorithmes ne mettront pas au chômage des médecins ou des avocats, il répond qu'au contraire, ils pourront se concentrer sur leur vrai métier plutôt que de consulter des tonnes de dossiers ou de vérifier des images radio à la chaîne. Mais il semble assez clair que les IA causeront du tort à certains humains qui seront remplacés par des machines.

Le passé nous renseigne sur ce qui est en train d'arriver et ce qui arrivera. En 1888, George Eastman inventa les premiers films souples de photo et créa la société Kodak, l'équivalent d'Apple du siècle dernier. Alors que Kodak a inventé le premier appareil photo numérique en 1975, il décida de ne pas le commercialiser. Quand il présenta son invention, Steve Sasson, ingénieur chez Kodak, se vit répondre par son dirigeant : « qui voudra un jour sa photo sur un écran ? » Ce sera finalement le numérique qui sonnera le glas de Kodak, le virage vers le numérique de Kodak en 2005 ayant été trop tardif. D'autres l'ont dépassé. La société déposa le bilan, la licence de marque fut vendue à un concurrent chinois et des dizaines de milliers d'emplois furent perdus.

La même chose arrivera à d'autres géants du fait de l'IA. Aujourd'hui les géants sont les GAFAM (Google, Amazon, Facebook, Apple, Microsoft), très médiatisés, et les BATX (Baidu, Ali Baba, Tencent, Xianomi). Leur force de frappe est un ensemble d'algorithmes qui visent à remplacer des humains. Mais ils ne sont pas les seuls. Un grand groupe suisse a provoqué un tollé en délocalisant des centaines d'emplois dans un pays de l'Est. Quelques années plus tard, il a remplacé les travailleurs de ces pays de l'Est par des robots en Suisse.

Cette menace ne concerne d'ailleurs pas que des emplois peu qualifiés. Comme on l'a vu, les médecins, mais aussi les chirurgiens, les enseignants, les journalistes et bien d'autres encore pourraient un jour être remplacés par des algorithmes. Même les chercheurs pourraient l'être, alors que l'entreprise DeepMind s'attaque désormais au repliement des protéines et à la démonstration de théorèmes mathématiques.

Cette « disruption » du marché du travail est un effet secondaire des IA. En l'absence de transition bien planifiée, l'effet sera potentiellement très nuisible. Même si le chômage n'augmente pas, l'angoisse de milliards de travailleurs de se faire remplacer par une machine deviendra un problème social. Ou du moins, l'agacement à devoir se former à de nouveaux métiers peut être vu comme un effet secondaire nuisible des IA. Surtout si on ne s'y prépare pas.

NOUS PERDONS LE CONTRÔLE

La principale crainte à avoir concernant les IA, c'est peut-être le fait de devoir leur faire confiance en les laissant prendre le contrôle dans des cas où cette confiance n'est pas justifiée. Malheureusement, cette perte de contrôle est plus courante qu'on pourrait le croire.

En effet, la délégation de la prise de décision à des IA permet de diluer la responsabilité de la décision. On considère souvent que les outils algorithmiques fournissent des réponses objectives, par opposition au jugement subjectif d'un humain. On justifie même parfois la pertinence de ces outils par la complexité des mathématiques sur lesquelles l'IA s'appuie. Ces arguments nous invitent à déléguer notre jugement aux machines, et à gouverner l'entreprise sur la base des recommandations de l'IA. Qui plus est, chaque dirigeant pourrait avoir un intérêt à agir ainsi, puisque, dès lors, si la décision est mauvaise, ce sera l'IA qu'il conviendra de licencier – pas le dirigeant.

Certes, il y a de nombreux cas où l'IA sera effectivement capable de prendre des décisions de meilleure qualité.

> « Ce n'est qu'un avant-goût de ce qui va arriver, et seulement l'ombre de ce qui va se passer. »
>
> Alan Turing, 1949

Cependant, si tel est le cas, ce ne sera pas (uniquement) parce que l'IA est objective ou parce que ses mathématiques sont complexes. En fait, avant de céder le contrôle aux IA, il faut d'abord se demander s'il y a effectivement des raisons de penser que l'IA sera plus fiable que les humains, et si l'avis des humains ne demeure pas pertinent. Il nous faut comprendre l'IA.

Malheureusement, juger la performance des IA devient de plus en plus complexe. En particulier, les codes des IA sont désormais généralement écrits par une collaboration de nombreux développeurs, de données fournies par des utilisateurs et de calculs effectués par des machines. Dès lors, garder le contrôle et la maîtrise sur les codes exécutés par les IA devient une tâche monumentale.

Mais ce n'est pas tout. Les utilisateurs des IA sont potentiellement très distincts de leurs développeurs. En particulier, les fonctionnalités proposées par les développeurs pourraient être utilisées à des fins toutes autres par les utilisateurs. Bien que les IA ne soient alors pas conçues pour être malveillantes, elles pourraient être utilisées de manière malveillante.

Ainsi, en 2017, une IA fut développée pour deviner les orientations sexuelles d'individus à partir de leur visage. Une telle IA pourrait ensuite être réutilisée à de toutes autres fins, potentiellement très nuisibles aux individus dont les visages sont alors photographiés et analysés. En fait, même si les utilisateurs étaient bien intentionnés, leur utilisation de l'IA pourrait être nuisible si leur compréhension de l'IA est incomplète ou erronée.

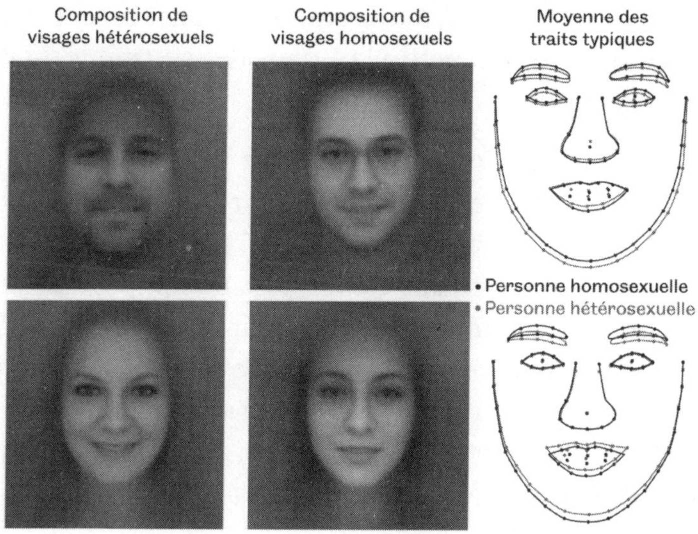

Une IA censée deviner les orientations sexuelles d'un individu à partir des traits de son visage.

Comprendre le fonctionnement, les fonctionnalités et les performances d'une IA est une tâche délicate, surtout si on ne l'a pas entièrement développée soi-même – et personne n'a entièrement développé, par exemple, l'IA de YouTube. On parle du problème de l'interprétabilité des IA.

De nos jours, les IA ressemblent davantage à des boîtes noires. Dès lors, le degré de confiance qu'on leur assigne risque de ne pas être en phase avec leur degré de fiabilité. Quand notre méfiance envers les IA est exagérée, nous risquons alors de passer à côté d'opportunités intéressantes. À l'inverse, quand notre confiance est exagérée, nous risquons de mettre l'IA dans des situations où ses effets pourraient être dangereux.

On pourrait alors croire qu'au lieu de contrôler les IA, il suffirait de les surveiller – et par exemple de les arrêter en cas de problème. Cependant, la surveillance des IA est elle aussi une tâche complexe, sinon impossible. Par exemple, l'IA de YouTube prend des milliards de décisions de recommandation par jour. Rien que prendre connaissance de ce qu'a fait cette IA pendant un jour donné est un travail de toute une vie ; en fait, même une armée d'humains hautement qualifiés ne suffirait pas.

Dès lors, il semble qu'il faille reconnaître que nous avons déjà cédé énormément de contrôle et de pouvoir aux IA. Est-ce une mauvaise chose ? Pas nécessairement. En se chargeant elle-même de la modération des contenus sur sa plateforme, l'IA de YouTube parvient ainsi à censurer les vidéos de pédophilie et de meurtre sans faire appel à un humain pour gérer lui-même une telle censure. Voilà qui permet en particulier d'éviter d'exposer volontairement des modérateurs humains à des contenus potentiellement très traumatisants.

Cependant, ce faisant, on s'expose à toutes les faiblesses potentielles de l'IA de YouTube, que ce soit en termes de biais, de vulnérabilité, d'erreurs ou d'effets secondaires.

Toutes les difficultés que nous avons présentées ici concernent les IA d'aujourd'hui. Aucune de ces difficultés ne laisse présager les scénarios catastrophiques prédits par Musk, Gates ou Hawking. Elles demeurent néanmoins préoccupantes.

ÉPILOGUE

LA « THÉORIE HÉRÉTIQUE » D'ALAN TURING

À l'été 2019, l'entreprise Euler Hermes Group SA, spécialisée dans l'assurance pour de grandes firmes, rapporte un cas inédit de fraude par une IA. À l'aide de technologies de *deepfakes*, l'IA semble avoir imité la voix du PDG d'une entreprise allemande, et avoir demandé à son employé de transférer de toute urgence 220 000 euros. L'arnaque fut un succès. L'employé raconte avoir reconnu l'accent allemand et la mélodie de voix de son patron. Il n'a pas questionné l'ordre qu'il avait reçu et a transféré le montant évoqué.

Pendant longtemps, ce qui avait rendu les technologies de l'information puissantes, c'était la fiabilité et la vitesse du traitement de l'information qu'elles permettaient. L'IA ajoute désormais une nouvelle corde redoutablement efficace à l'arc des technologies

« Turing pense que les machines pensent. Turing "ment" aux hommes. Alors les machines ne pensent pas. »[19]
Alan Turing, 1952

de l'information : elles sont maintenant capables d'être ultra-personnalisées. Elles peuvent adapter leur comportement à l'utilisateur ciblé ou à la victime identifiée.

L'arnaque décrite plus haut pourrait être répétée à coût minime sur des milliards de victimes potentielles, et adaptée aux vulnérabilités de ces victimes. Surtout si les IA continuent de progresser comme c'est le cas aujourd'hui. Et c'est précisément cela qui rendrait les IA du futur extrêmement puissantes.

Quelques années avant sa mort, Alan Turing alla plus loin encore dans sa réflexion. Il publia un article audacieux, et en large partie prémonitoire, qu'il intitula : « *Intelligent Machinery, A Heretical Theory* ».

Dans cet article daté de 1951, Turing explique que, paradoxalement, les machines pourraient atteindre un stade avancé d'intelligence à condition qu'elles aient la capacité de faire des erreurs. Pour étayer son argument, il revient sur le théorème fondamental de Gödel évoqué au chapitre 2 (p. 42). Dans sa forme abstraite et simplifiée, le théorème stipule qu'un système logique ne peut être à la fois complet et cohérent. Turing explique que le fait que les machines ne fassent jamais d'erreurs (cohérence) limite leurs capacités créatives (complétude). Ce qui fait la force de l'humain, et qui lui permet de résoudre de nombreux problèmes intellectuels, c'est précisément sa capacité à faire des erreurs et à apprendre de ces erreurs.

Turing suggère dans son article l'idée de l'apprentissage machine, qu'il appelle « éducation » de la machine. Il y explique que la clé de cette éducation est en fait la capacité de la machine à essayer de nouvelles stratégies sans être sûre de la cohérence de cette stratégie. Autrement dit, la machine devrait pouvoir prendre des risques et faire des erreurs.

Turing suggère ainsi de donner à la machine la possibilité de faire parfois des choix aléatoires : un peu comme si la machine pouvait jeter une pièce en l'air et faire un choix basé sur le fait que la pièce tombe du côté pile ou du côté face. Turing précise aussi que la machine doit par ailleurs disposer d'un moyen pour juger *a posteriori* de la qualité de ses choix (bons ou mauvais), et d'une mémoire suffisante lui permettant de se « souvenir » de ces expériences pour mieux choisir ses nouvelles stratégies.

Mais ce choix aléatoire, clé de l'intelligence d'après Turing, est aussi la source potentielle de la perte de contrôle par les humains. Les machines pourraient arriver « au hasard » à des choix qu'elles jugent optimaux, mais qui non seulement n'ont pas été prévus par des humains, mais se révéleraient contraires aux intérêts des humains, voire de l'humanité.

Turing expliquait ainsi dans son article de 1951 pourquoi les machines pourraient bien dépasser un jour les humains dans tous les domaines, et cesser de leur obéir. Imaginer des créatures conçues par l'humain, mais qui deviendraient plus puissantes que lui : cette opinion était pour le moins hérétique, surtout dans un pays alors encore très croyant.

Statue d'Alan Turing à Bletchley Park où furent décodés les codes nazis de la machines Enigma.

Turing conclut son article par ces mots: « À un certain point, nous devons nous attendre à ce que les machines prennent le pouvoir ».

De nombreuses personnes sont sceptiques ; d'autres défendent cette vision de Turing. Certains voient dans l'IA une opportunité fantastique pour résoudre des défis majeurs de nos sociétés, de la faim dans le monde à l'éradication des maladies, en passant par le changement climatique et les inégalités sociales. D'autres y voient une menace pour la survie d'*Homo sapiens*. Quoi qu'il en soit, si cette prise de pouvoir par les machines advenait, ce serait probablement l'événement le plus important de l'histoire de l'humanité. Mais adviendra-t-il ?

Turing a été visionnaire sur de nombreux sujets. Aura-t-il raison sur ce point aussi ? L'avenir nous le dira.

GLOSSAIRE

Algorithme : Solution d'un problème sous forme d'un ensemble d'instructions élémentaires (tellement élémentaires qu'elles peuvent être exécutées par une machine).

Algorithmes sous-linéaire : Algorithmes dont le nombre d'instructions ne grandit pas avec la taille des données.

Algorithmes génétique : Algorithmes inspirés de l'Évolution darwinienne, et en particulier des notions de diversité, de croisement et de sélection.

Algorithmes quantiques : Algorithmes exploitant les propriétés de la mécanique quantique comme la superposition, l'intrication et la mesure.

Apprentissage automatique : Algorithmes capables de modifier automatiquement leurs propres paramètres.

Apprentissage-machine : Algorithmes qui s'améliorent au fur et à mesure qu'ils traitent de nouvelles données.

Apprentissage par renforcement : Algorithmes qui s'améliorent en fonction des récompenses qui leur sont fournies et des pénalités qu'ils subissent.

Apprentissage profond : Algorithmes s'appuyant sur les réseaux de neurones artificiels profonds, c'est-à-dire des réseaux superposant plusieurs couches de neurones.

Architecture de von Neumann : Architecture de machine à calculer, disposant notamment d'une mémoire séparée des unités de contrôle et d'arithmétique.

Automate cellulaire : Système algorithmique prédéterminé par un état initial et des règles de transition.

Bots : Algorithmes déployés sur Internet.

Captchas : Défi lancé par un algorithme pour déterminer si l'utilisateur est un humain ou une IA.

Cartes graphiques : Unités de calcul des ordinateurs, spécialisées pour le rendu graphique et récemment exploitées pour faire de l'apprentissage-machine.

Circuit intégré : Composant électronique capable d'effectuer un certain nombre d'opérations algorithmiques.

Circuit logique : Manière d'interconnecter des signaux entrants via des portes logiques, pour calculer une sortie.

Compilateurs : Algorithmes capables de traduire des codes (généralement écrits en langage de programmation) en d'autres codes (généralement écrits en langage machine).

Complexité polynomiale et sur-polynomiale : Lorsque le nombre d'instructions d'un algorithme augmente de manière (sur-)polynomiale par rapport à la taille des données.

Conjecture de Goldbach : Problème mathématique ouvert qui consiste à démontrer que tout nombre entier supérieur à 4 est la somme de deux nombres premiers.

Cryptanalyse : Art de déchiffrer des messages chiffrés sans posséder la clé de chiffrement.

Diagonalisation : Technique permettant de prouver que certains ensembles ne sont pas dénombrables (l'ensemble des réels n'est pas dénombrable, tandis que l'ensemble des rationnels l'est).

Discriminant : Formule permettant de trouver les solutions d'une équation du second degré.

Hypercalcul : Calcul irréalisable avec une machine de Turing universelle, à l'aide d'oracles.

Hypermachine : Machine capable de réaliser des calculs irréalisables par une machine de Turing universelle.

Identités remarquables : Techniques permettant de résoudre des équations du second degré (plus anciennes et plus complexes que le calcul du discriminant).

Langages de programmation : Langages dans lesquels les humains écrivent des algorithmes à exécuter par les machines.

Langages machines : Langages utilisées par les machines pour décrire les algorithmes à exécuter.

Langages Turing-complet : Langages permettant d'exprimer toutes les fonctions calculables par les machines de Turing.

Logiciel et matériel : Le logiciel est un algorithme écrit dans un langage de programmation, tandis que le matériel est ce qui permet de l'exécuter.

Mémoire à changement de phase : Propriété physique de certains matériaux, capables de modifier et de conserver leur état physique à la suite d'opérations effectuées sur ces matériaux.

Multiprocesseurs : Architecture informatique permettant d'assembler plusieurs processeurs sur la même carte.

Oracles : Fonctions incalculables.

Phase d'apprentissage : Opérations effectuées par un algorithme d'apprentissage, lui permettant de s'améliorer avant d'être exécuté ou déployé.

Phase de déploiement : Exécution de l'algorithme, qui succède généralement à des phases d'apprentissage et de test.

Piste neuromorphique : Architecture de machine inspirée des réseaux de neurones.

Problème de l'arrêt : Problème consistant à déterminer si un algorithme se terminera.

Problèmes difficiles : Problèmes pour lesquels on ne dispose pas d'algorithme permettant de les résoudre en complexité polynomiale.

Problèmes faciles : Problèmes disposant d'au moins un algorithme permettant de les résoudre en complexité polynomiale.

Réseaux de neurones artificiels : Architecture algorithmique, inspirée des réseaux de neurones naturels et capable d'apprentissage.

Réseaux de neurones profonds : Réseaux de neurones disposant d'un grand nombre de couches de neurones successives.

Robotique en essaim : Coordination de plusieurs robots.

Systèmes experts : Algorithmes permettant de déduire des prédicats à partir d'axiomes et de règles d'inférence.

Table de transitions : Table contenant un algorithme, au sens originel de Turing, et en particulier décrivant comment se déplace le lecteur de la machine de Turing sur le ruban.

Théorème des quatre couleurs : Théorème mathématique affirmant que toute carte planaire peut être coloriée par quatre couleurs sans que deux pays voisins n'aient jamais la même couleur.

Théorème d'incomplétude : Théorème affirmant qu'un système logique ne peut être complet et cohérent à la fois.

Théorie de la complexité : Comprend l'ensemble des outils mathématiques qui permettent de mesurer l'efficacité des algorithmes d'un point de vue théorique.

Vérification de preuve : Technique permettant de vérifier si une preuve d'algorithme (dans le contexte de ce livre) est juste.

NOTES ET RÉFÉRENCES

1. Camarade de classe d'Alan Turing, Christopher Morcom était un brillant élève, avec lequel Turing discutait beaucoup de mathématiques, et dont il semble avoir été secrètement amoureux. Il est décédé en 1932, à l'âge de 19 ans, après avoir bu du lait infecté.

2. La loi normale est régie par la célèbre « courbe en cloche ». La plupart du temps, une variable qui obéit à la loi normale sera très proche du centre de la courbe en cloche, et il est très improbable qu'elle s'en éloigne beaucoup.

3. Mohammed Al-Khawarizmi, dont le nom a été latinisé en Algorithmi, était un savant perse du IXe siècle. Mathématicien, géographe, philosophe et astrologue, il a vécu à Bagdad et a écrit, entre autres, le livre posant les fondements de l'algèbre, dans lequel il a réuni un ensemble de recettes de calculs, aujourd'hui connus sous le nom d'« algorithmes ».

4. En s'aidant en particulier des travaux de Jacques Herbrand, Gödel proposa la classe des fonctions *généralement récursives,* comme étant l'ensemble des fonctions constructibles à l'aide d'un certain nombre d'opérateurs élémentaires. Mais à l'instar des fonctions primitives récursives de Skolem, il n'était pas clair que la liste des opérateurs élémentaires de Gödel était suffisante pour englober tout ce que l'on pourrait entendre par algorithme.

5. Conférence FQXi.

6. https://www.comptia.org/content/research/it-industry-trends-analysis

7. La complexité de Solomonoff d'une tâche algorithmique est la longueur du plus court code source dont l'exécution résout la tâche en question.

8. Pendant longtemps, Kolmogorov fut crédité pour l'invention de ce concept, bien que Solomonoff l'introduisit trois ans avant Kolmogorov, en 1960. Ironiquement, en 2003, Solomonoff reçut le prix Kolmogorov pour avoir inventé la notion de complexité de Kolmogorov !

9. La profondeur logique de Bennett d'une tâche est le nombre d'étapes de calculs nécessaires pour résoudre la tâche. Plus précisément, c'est le nombre de calculs requis par le plus court algorithme capable de résoudre la tâche.

10. Un zombie philosophique, imaginé par Chalmers, serait une copie physiquement identique d'un humain, ne disposant toutefois pas de conscience phénoménale.
David Chalmers, L'Esprit conscient. *A la recherche d'une théorie fondamentale*, traduction Stéphane Dunand, Ithaque, 2010

11. Certains philosophes rejettent l'existence de zombies philosophiques.
François Kammerer, Conscience et matière. *Une solution matérialiste au problème de l'expérience consciente*, Editions Matériologiques, 2019.

12. L'optimisation convexe est l'optimisation d'une fonction convexe sur un ensemble convexe. Il s'agit donc de propriétés mathématiques du problème d'optimisation qui rendent le problème « facile ».
Jean-Baptiste Hiriart-Urruty, *Optimisation et analyse convexe*, PUF, 1998.

13. https://www.youtube.com/watch?v=HKW-7jRAJC4

14. https://www.researchgate.net/publication/2720397_Generating_Arachnid_Robot_Gaits_with_Cyclic_Genetic_Algorithms

15. La formule de Bayes est une équation des probabilités qui permet d'inférer la probabilité des causes à partir de l'observation des effets. Elle permet ainsi de deviner quels phénomènes ont pu causer les données collectées.

16. Une jauge quantique, ou amplitude quantique, est un nombre associé à chaque état quantique imaginable d'un système quantique. De façon cruciale, quand un système quantique devient complexe et intriqué, le nombre de jauges quantiques qui lui est associé devient gargantuesque.

17. Une porte quantique est une opération effectuée sur un système quantique qui modifie les jauges quantiques décrivant le système.

18. C'est le cas par exemple de la recherche d'un élément identifiable par un circuit logique simple via l'algorithme de Grover, ou de la factorisation des nombres via l'algorithme de Shor.

19. Citation originale : « *Turing believes machines think. Turing lies with men. Therefore machines do not think.* »

POUR ALLER PLUS LOIN

Pour les lecteurs francophones, nous recommandons ces nombreux ouvrages, allant de livres d'initiation à des traités complets.

Laurent Alexandre, Jean-Michel Besnier, *Les robots font-ils l'amour : La transhumanisme en 12 questions*, Dunod (2016)

Nick Bostrom, *Superintelligence*, Dunod (2017)

Gilles Dowek, *Les métamorphoses du calcul : Une étonnante histoire de mathématiques*, Le Pommier (2007)
Andrew Hodges, *Alan Turing*, Michel Lafon (2015)
Mickaël Launay, *Le grand roman des maths : de la préhistoire à nos jours*, Flammarion (2016)
André Schiper, *Découvrir le numérique : Une introduction à l'informatique et aux systèmes de communication*, PPUR (2016)
Gilles Dowek et Serge Abiteboul, *Le temps des algorithmes*, Le Pommier (2017)
Lê Nguyên Hoang, *La formule du savoir : Une philosophie unifiée du savoir fondée sur le théorème de Bayes*, EDP Sciences (2018)
Rachid Guerraoui, *L'algorithmique répartie : A la recherche de l'universalité perdue*, Collège de France (2019)
Max Tegmark, *La vie 3.0 : Être humain à l'ère de l'intelligence artificielle*, Dunod (2018)
Fibre Tigre, Arnold Zéphir et Héloïse Chochois, *Intelligences artificielles : Miroirs de nos vies*, Delcourt (2019)

Nous vous recommandons aussi vivement la lecture des articles originaux d'Alan Turing :

Alan Turing, « On Computable Numbers, with an Application to the *Entscheidungsproblem* », Proceedings of the London Mathematical Society (1936)
Alan Turing, « Computing Machinery and Intelligence », *Mind* (1950)
Alan Turing, « Intelligent Machinery, A Heretical Theory », *Philosophia Mathematica* (1951)
Alan Turing, « The chemical basis of morphogenesis », *Bulletin of Mathematical Biology* (1952)

INDEX

Crédits iconographiques

Illustrations : © Rachid Maraï. **P. 3 :** Wikimedia, domaine public. **P. 10 :** Wikimedia, domaine public. **P. 16 :** © Rama / CC BY-SA 3.0. **P. 17 :** © akg-images / Fototeca Gilardi. **P. 18 :** © The RedBurn / CC BY-SA 4.0. **P. 42 :** Wikimedia, domaine public. **P. 46 :** Wikimedia, domaine public. **P. 48 :** Wikimedia, domaine public. **P. 70 :** © Alessandro Nassiri / CC BY-SA 4.0. **P. 73 :** Wikimedia, domaine public. **P. 75 :** Wikimedia, domaine public. **P. 76 :** © Incog88 / CC BY-SA 3.0. **P. 95 :** Wikimedia, domaine public. **P. 108 :** © André Karwath aka Aka / CC BY-SA 2.5. **P. 112 :** Wikimedia, domaine public. **P. 138 :** Wikimedia, domaine public. **P. 168 :** © Y. Colombe/NIST, Wikimedia. **P. 193 :** © Université de Stanford. **P. 200 :** © DeFacto / CC BY-SA 4.0.

TABLE DES MATIÈRES

Dans la même collection

Colette à la plage, Marie-Odile André
Schrödinger à la plage, Charles Antoine
Galilée à la plage, Arnaud Cassan
Churchill à la plage, Sophie Doudet
Marx à la plage, Jean-Numa Ducange
Proust à la plage, Johan Faerber
Einstein à la plage, Marc Lachièze-Rey
Kant à la plage, Francis Métivier
Darwin à la plage, Jean-Baptiste de Panafieu
Sapiens à la plage, Jean-Baptiste de Panafieu
Platon à la plage, Hélène Soumet

pca
cmb
édition pré-presse
livres numériques

44400 Rezé

79555 - (I) - ENS 80 - PCA - LRN
Dépôt légal : avril 2020
Imprimé en Italie par Grafica Veneta